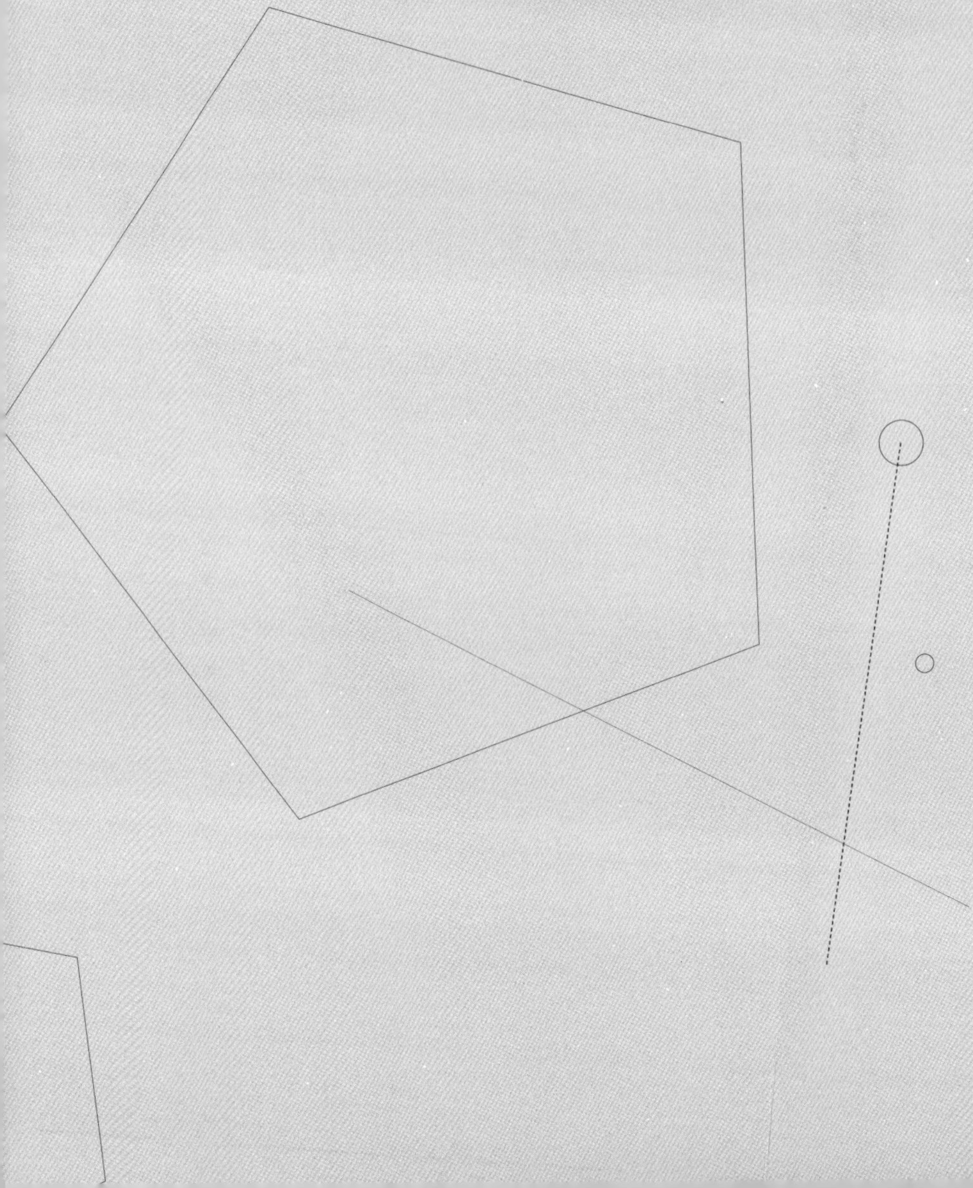

地域No.1 工務店の「圧倒的に実践する」経営

伊藤謙 著　　劉德正 譯

室內設計公司數位經營革命

內部管理＋外部營銷，數位化轉型迎向成長

編者的話

看到這本由日本地方工務店第三代撰寫的書，分享他們以住宅設計建造改修服務為主的公司做「數位化轉型」的思考與行動，並鉅細靡遺地將他們如何應用市面上已相當普及但對設計行業相對陌生的數位工具，增進工作效率、提升服務品質、凝聚公司向心力，更重要的是「獲得更多屋主的信任與委託」。在全球經過新冠肺炎疫情洗禮之後，大至國家治理、企業經營，小至個人生活無不在面對「轉型之路」，回不去的過去，再用那些老方法、舊思維走不到未來，就連在日本鄉下地方幫人家蓋房子的工務店都戰戰兢兢地不斷思考尋求與時俱進的經營方法，透過各種數位工具的導入，把「人力」放在顧客服務流程中最需要的體驗點上，真正運用數位科技做到體貼人心的服務，就是為了在變化難測的時代存活下來。

在台灣，一般民眾大多是購買建商興建銷售的連排透天、公寓、華廈、社區大樓等集合住宅，雖然和日本非都會區住宅以自地自建為主不同，但台灣常見因屋齡造成的房屋設備老化問題，或是以銷售為導向的住宅格局設計，經常要透過室內設計裝修來改善調整居住環境品質，也讓台灣的室內設計、裝修工程等產業蓬勃發展，從設計到工程一條龍服務的營運模式，和日本的工務店頗為類似，因此《漂亮家居》編輯部認為這是一本最接近室內設計公司數位轉型經驗的參考書，本書作者伊藤謙在一開始就提到：「一說到工務店、工務店業界的壞習慣，對新事物的反應與接受能力太慢是大家都會想到的事情。而這個壞習慣，也就是導致眾人跟不上時代的原因。」《漂亮家居》自2018年起在開設了針對室內設計公司的經營管理課程後，發現「蕭規曹隨」是業界常態，出來創業的設計師都沿用前老闆的方法與觀念，並沒有真的思考適合自己因應時代的經營路線，我們認為這是一個警訊，因此希望透過引進國外版權書與採訪彙編整理自製書，提供台灣室內設計公司經營者不同的視野與思維。

「沒有人這樣做的啦」這句話經常會從工班師傅甚至是設計師口中聽到，怎麼做是最佳選擇可以討論，但關鍵在於「心態」，是否能夠屏除成見、親身嘗試看看接納不同的意見、不同的做事方法，改變是痛苦的，但再不改變還有下一個十年嗎？本書是一位不到40歲、接手家中工務店的第三代，分享他站在當今消費者的立場，思考並型塑他認為這個時代的工務店應具備的能力與提供的服務，希望書中的觀念與經驗可以為台灣設計師們拋磚引玉，讓各位從中獲得經營自己事業的啟發。

寫在前頭

因新冠肺炎業績反而上升130%

2020年9月30日，我回顧過去這大半年的日子。

本來住宅營建圈子的業績就已經是愁雲慘霧不斷走低，再來個雪上加霜的新冠肺炎（COVID-19）在全世界四處蔓延。雖說身處五里霧中伸手不見五指，但能做的也就只有拚了命的往前衝。如果要比幹勁，我還是挺有自信的。就這麼拚死拚活的拚了大半年，光以結果來看，業績跟去年相較之下是**增加了130%的新訂單**。我雖從沒想過能闖出個像樣的名堂來，但等到事後回頭來看看，這數字也不過還好而已。

就算沒有預測未來的本事，身為社長，還有一件事情是我可以做的，那就是相信自己的可能性並且比任何人都要來得更加積極行動。那是新冠肺炎鬧得正凶的時候，2020年5月22日，我接下了地區營建工務店代表的擔子，繼任的第一年我就被迫面對人生最大的危機。

這公司從我祖母創業起開始算，我是**第三代社長**。我們原本是販賣供住宅建築所用的「建築材料店」，這門生意在傳到現任會長（第二代社長）我父親的手上時轉型改做起了住宅事業，度過重重難關，公司就這樣一路走過了62個年頭直到現在。即使時代的巨輪不停轉動、環境不斷變化，這間公司仍然屹立不搖，講起來也算是個奇蹟了。

在業界四處都喊著缺工缺人缺繼承人的環境下，我身為願意投入並繼承這行業的少數人力之一，為了拓展地區型工務店的未來賭上了自己的全部身家。２０１１年發生東日本大地震，那年我進了公司，從那時開始整整九年我就一直看著父親的背影、一路培養公司成長茁壯。公司的業績直接證明了我們父子兩代社長的關係緊密的程度以及經營方針的正確性（詳見下頁）。

宮城縣在日本東北地區當中可說是新建獨棟透天厝的一級戰區。光以２０１９年的「宮城縣TOP 10業者排名」，其中就有四間屬於佔了全國市場三成的飯田GHD，他們可是透天厝建案界的巨人，自２０１３年整合六間同行企業之後就獨大至今的大工務店。更別提這前十大企業當中就有四間是全國性的上市上櫃企業。在這些隨便一間動不動就是有上千人甚至上萬人員工的大企業當中，就我一間員工只有70人的區域性工務店「AIHOME」能力壓群雄穩坐地區No. 1的寶座。在繼承家族事業之後，還能持續成長走強（詳見次頁表）。

在宮城縣北部的「大崎、栗原、登米地區」，敝公司的業績在包含上市上櫃企業的排行榜當中也是名列第一（見P.8表）。AIHOME員工的70％，就連我在內都是二十到三十幾歲的年輕世代，足見我們仍有充分的成長潛力。

編註：日本「工務店」的定義：泛指小範圍營建業者的通稱，業務範圍包含但不限於設計、承包、新建、改建、內部裝潢、整地、建築管理、地上建物出租等。

宮城縣施工排行榜

TOP 15

2011 年

排行	企業名稱	施工數
1	積水 House	760
2	Sekisuiheim 東北	505
3	LEO HOUSE	348
4	Arnest1	319
5	一建設	286
6	Sumori 工業	277
7	Daiwa House Industry	262
8	TamaHome	236
9	東北 MISAWA Home	232
10	東和總合住宅	215
11	西洋 Housing	214
12	住友林業	211
13	SELCO HOME	205
14	一条工務店宮城	190
15	日本住宅	176

2012 年

單位：棟

排行	企業名稱	施工數
1	積水 House	931
2	Sekisuiheim 東北	625
3	一建設	507
4	Arnest1	501
5	TamaHome	330
6	Daiwa House Industry	313
7	LEO HOUSE	298
8	Sumori 工業	296
9	東北 MISAWA Home	286
10	住友林業	269
11	AIHOME	261
12	一条工務店宮城	259
13	SELCO HOME	252
14	大東建託	226
15	東和總合住宅	208

出處：Living press

2013 年

排行	企業名稱	施工數
1	積水 House	715
2	Arnest1	512
3	一建設	474
4	Sekisuiheim 東北	468
5	Daiwa House Industry	317
6	大東建託	285
7	Sumori 工業	268
8	TamaHome	247
9	AIHOME	241
10	東北 MISAWA Home	240
11	Tacthome	227
12	一条工務店宮城	226
13	住友林業	223
14	日本住宅	210
15	LEO HOUSE	198

2014 年

單位：棟

排行	企業名稱	施工數
1	積水 House	582
2	Arnest1	489
3	一建設	463
4	Sekisuiheim 東北	390
5	Daiwa House Industry	322
6	大東建託	271
7	Sumori 工業	232
8	東北 MISAWA Home	232
9	一条工務店宮城	214
10	住友林業	188
11	SELCO HOME	183
12	Tacthome	179
13	AIHOME	178
14	TamaHome	168
15	Shuko build	160

東北一級戰區

2015 年

排行	企業名稱	施工數
1	一建設	555
2	積水 House	478
3	Arnest1	420
4	Sekisuiheim 東北	384
5	Daiwa House Industry	320
6	Sumori 工業	267
7	大東建託	264
8	Shuko build	254
9	住友林業	246
10	一条工務店宮城	212
11	AIHOME	204
12	Tacthome	201
13	東和總合住宅	189
14	東北 MISAWA Home	179
15	SELCO HOME	169

2016 年

單位：棟

排行	企業名稱	施工數
1	一建設	553
2	積水 House	485
3	Arnest1	444
4	Sekisuiheim 東北	376
5	Daiwa House Industry	345
6	飯田產業	340
7	Sumori 工業	278
8	大東建託	241
9	一条工務店宮城	238
10	Tacthome	224
11	AIHOME	208
12	東北 MISAWA Home	203
13	東和總合住宅	187
14	Shuko build	182
15	住友林業	167

2017 年

排行	企業名稱	施工數
1	一建設	552
2	Arnest1	427
3	積水 House	364
4	飯田產業	363
5	Sekisuiheim 東北	335
6	Daiwa House Industry	284
7	Sumori 工業	241
8	AIHOME	235
9	Tacthome	211
10	一条工務店宮城	189
11	TamaHome	181
12	東和總合住宅	159
13	東北 MISAWA Home	158
14	住友林業	153
15	大東建託	141

2018 年

單位：棟

排行	企業名稱	施工數
1	一建設	626
2	Arnest1	409
3	飯田產業	353
4	積水 House	342
5	Sekisuiheim 東北	339
6	AIHOME	262
7	Sumori 工業	246
8	Daiwa House Industry	243
9	Tacthome	237
10	TamaHome	193
11	一条工務店宮城	179
12	CREATE LEMON	168
13	東和總合住宅	168
14	東北 MISAWA Home	167
15	檜家住宅	158

宮城縣施工排行榜

TOP 20

2019 年

單位：棟

排行	企業名稱	施工數	排行	企業名稱	施工數
1	一建設	690	11	東榮住宅	169
2	Arnest1	459	12	東和總合住宅	164
3	飯田產業	351	13	住友林業	138
4	Sekisuiheim 東北	307	14	一条工務店宮城	132
5	Tacthome	271	15	檜家住宅	132
6	積水 House	26	16	東北 MISAWA Home	131
7	AIHOME	236	17	CREATE LEMON	128
8	Daiwa House Industry	204	18	日本住宅	119
9	Sumori 工業	201	19	大東建託	116
10	TamaHome	195	20	PALCO HOME 宮城	116

地區 No.1 的施工實績
（宮城縣北部大崎、栗原、登米一帶）

2019 年

單位：棟

排行	企業名稱	大崎市	栗原市	登米市	其他	合計
1	AIHOME	72	17	26	27	142
2	Arnest1	38	32	24	1	95
3	TamaHome	46	7	20	9	82
4	東和總合住宅	18	5	30	5	58
5	Sekisuiheim 東北	23	12	9	8	52
6	高勝之家	34	3		5	42
7	三和	17	7	6	3	33
8	TAKAKAZ 不動產	29			1	30
9	大東建託	11	4	12	2	29
10	積水 House	14	6	2	6	28
11	一建設	27			1	28
12	PALCO HOME 宮城	14	2	7	3	26
13	Sumori 工業	9	5	4	5	23
14	檜家住宅	10	3	3	4	20
15	細田工務店	16			3	19

工務店能生存下去的必須條件

工務店想要活下去只有一點，那就是能跟上時代潮流的變化。光是嘴上講講這當然誰都說得出來，但能真正跟上時代變化並不是任何人都做得到的。

首先，請先回答以下這個問題：

「你是否能確實活用 IT（情報技術，Information Technology）以及網際網路？」

對以上提問能充滿自信地回答「YES」的人，我想你們大概也不需要看這本書了。這樣的工務店想必是在地的優良工務店，這種跟得上時代潮流的經營方針還請繼續保持下去。

以我自己來說，我是無法打從心底回答「我能徹底運用IT與網際網路」的。越是往下深究，越是覺得有更多可能性可以發掘。這一點，也與本書標題的「DX」（Digital Transformation）互相呼應；所謂DX，即是企業運用資訊以及數位技術帶動組織及經營模式的持續改革，並從根本改變提供價值的方式。這就是我所定義的DX。

我的想法是透過ＤＸ**更進一步節約生產成本，並將這部分節約下來的成本轉為優惠提供給客戶**。

對大多數的工務店而言，**工務店的工作就是「蓋房子」。但若是照這定義，蓋房子這種事情誰都做得到、房子在哪都可以蓋，完全沒有非你不可的必要性**。這年頭，會買房子的客戶已經與過去有相當大的不同，關於這部分在後面會詳細解釋。

這句話其實也是說給我自己聽的，工務店想要活下去唯一的條件就是跟上時代的變化，更重要的是，在**對應時代變化的同時建構「通往成功的構造」、「持續成長的構造」。而ＤＸ就恰好可以加速建構的成長**。

工務店的永續生存，是對於過去曾經承包過的住宅及客戶們的一種使命。抱著「絕對要活下去」的覺悟、找到生存下去的方法；對於人生還活不到一半、做為經營者也只算是菜鳥的我而言，這點道理我還是懂的。不過，光是腦袋裡懂得這些道理還不夠！必須將危機化為轉機！就是這股子打從心底的勇氣，成了我寫下這本書的動力。

圖1　工務店的生存戰略

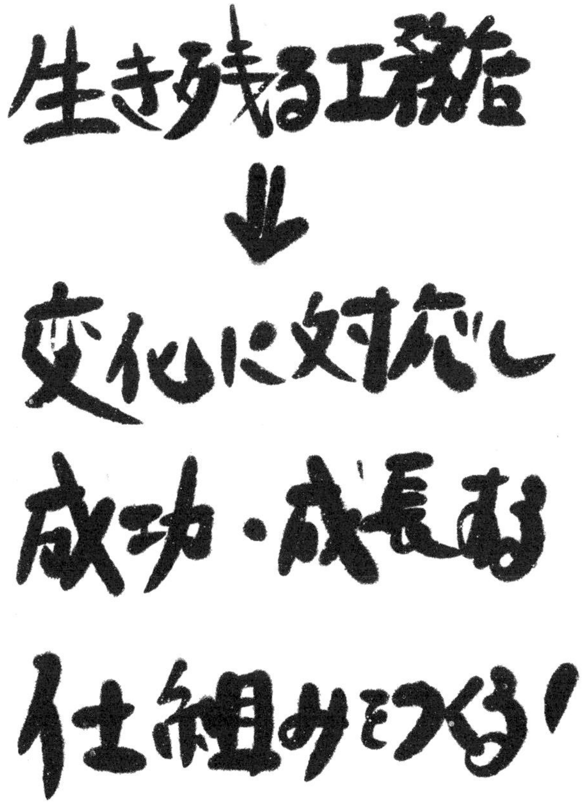
生き残る工務店
⇓
変化に対応し
成功・成長する
仕組みをつくる！

永續生存的工務店→順應變化、持續成長

何以要出版此書？

說到要對應時代潮流的變化，便需要採取各種行動；光是佇在原地只會導致停滯不前，更別提時間不等人，迷惑、猶豫都是浪費時間的行為。但就現實而論，一說到工務店、工務店業界的壞習慣，**對新事物的反應與接受能力太慢**是大家都會想到的事情。

而這個壞習慣，也就是導致眾人跟不上時代的原因。

我之所以會提筆寫下這本書的原因有兩點，**第一點是為了讓大家知道這世界上還是有鄉下工務店會卯起來幹，為了在這圈子裡生存下去而認真面對世界、順應潮流的。第二點是為了與所有志同道合的工務店分享資訊、提供最新的案例讓大家做個參考。**在全力推行「同業中最具實踐行動力」與「傳達自身經驗」這兩個前提條件下，造就了這本書的誕生。

如果能有任何同業在看過這本書之後，開始活用IT、網際網路等工具，加速DX化進程，在十年、二十年後帶動整個建築業界的蓬勃發展，那便是我最大的期望。在這裡不分敵我彼此，**過去各家工務店工務店之間彼此藏私、凡事留一手，但對於客戶來說這種業界的發展並不樂見。對業界所有相關人士來說，真正的敵人應該是時代的變化。**就現在這時間點來講，眼下最重要的自然是能不能熬過肺炎疫情。將過去敝公司所挑戰過的各種事物及經驗彙集成冊、公諸於世，我甚至已經可以想像將來會有更多同行會加入這個圈子，彼此切磋琢磨。想起2011年所體會過的那些不甘，如今終於到了洗刷這份悔恨的時候了。

對東日本大地震時的悔恨，是我的原動力

2011年3月11日，東日本大地震的時候，我人還在德島縣進修。那時我正為了成為經營者而修行，在值得尊敬的前輩經營者手底下一邊工作一邊學習。

下午2點46分18秒，地震發生。我人在外頭，正在跟其他前輩一起學習住宅推銷的業務；下午3點左右突然接到電話說「伊藤你老家出大事了」。那時候遠在德島縣的我只感受到輕微的震動，當下能做的也就只有靠網路去了解家裡的狀況。

電話都打不通，電視也只顧著轉播被海嘯淹掉的仙台機場畫面，完全無法與家人取得聯繫。全日本所有的人都在操心，大家都在搶著打電話，導致電話佔線，根本打不通。無法確認親友的安危，是生是死完全沒頭緒，當地狀況根本無從掌握。這時候我到底該怎麼辦才好？雖然我心裡沒個底，但還是決定從手邊能做的事情開始下手。

首先，我上 mixi（一種 SNS）用「城鄉資訊」試著找有沒有人能提供我想要的資訊，接著我就從朋友那裡得知我弟弟沒事，聽說是他偶然間打通了電話才知道的。我覺得只要有網路可以通，那或許就有辦法解決目前的困境，於是在3月11日那天的深夜我就打定主意要回宮城縣的老家。畢竟當時還是在人家手底下工作，我在跟前輩商量過之後，第二天就出發了。

要從東京圈要往宮城縣移動，就得搭東北新幹線或是開車走高速公路，但這兩條路都不通。於是我改走日本海那邊，從新潟縣、山形縣接宮城縣，最後回到了家。當時我的友人森先生豪氣地說「這車就算開報廢也不要緊，就借給你啦」，於是我滿懷感謝地借用了他的車子。從德島經過高松、岡山、名古屋這段路我都是搭大眾運輸工具移動，一直到了名古屋，我才總算是跟森先生會合。當到了會合地點時，我看到幾位朋友已經在那裡等我了；我還記得他們在後車箱裡裝滿了礦泉水，這點我至今仍記憶猶新。

從名古屋開始，我開著這台開不習慣的手排車朝宮城縣出發。開了整整一個晚上，一直到3月13日早上才到家。家人看到我，對我說的第一句話是：「你何必勉強自己回來啊」；但對我來說，確定家人平安無事是最重要的。

在那之後過了整整一年，這一年當中我深刻體認到自己是多麼地無力且渺小。不論再怎麼努力，面對源源不斷的客戶，提案書提交的步調永遠趕不上需求。不光是我一個人，公司全體員工都被客戶的需求追著跑、追得被逼到了牆角。現場確認、圖面製作、建材設備下單……所有的業務量都超出了我們能負擔的極限，我根本無法抽身去幫其他人分擔他們的壓力，就這樣，我一天天在對自己的無力與悔恨中度過。每分每秒，我都深陷於自己無法為眼前的客戶及同僚分憂解勞的泥淖中。

也就是因為2011年的這個經驗，**這份對無能為力的自己而生的悔恨成了我驅使我前進的巨大動力。**「正因為我體驗過這種不足為外人道的危難，我更要奮發圖強不可」的使命感推動我前行，為了不知哪天會再次遭到巨大危難時能一雪前恥而努力。越是艱難的危機與逆境，越是能刺激我的成長；而現在，我正身處於人生轉捩點般的巨大險境當中。

有時我會覺得十年前我事發當下時人不在宮城縣，或許是一種天意。從那場地震後，這十年當中我時時刻刻不曾讓自己鬆懈，不論是多大的驚濤駭浪，我都靠著相信自己的能力撐了過來。雖說我身為經營者的經驗與實力還上不了檯面，但要說到力量的泉源，我還是對自己有自信的。

○每過十年，會碰到一次改變自己人生的逆境

當自己的人生產生巨大轉變時，會有個明顯的特徵。仔細想想，我的人生幾乎都是因為這些逆境而有所變化的。每當**遇上逆境或迎向新的挑戰時**，我這個人就最能發揮自己的實力。

十幾歲、二十幾歲、三十幾歲，每十年就會碰到一次大危機，改變我的人生。

二十幾歲時的危機，就是那場東日本大地震。2011年4月1日我進了父親經營的公司，第一天就成了「專務取締役」；當時才26歲的我每天被不知道年紀大我多少歲的前輩叫「專務」，這對我的內心帶來了極大的壓力，但也讓我深深體會到自己不論是知識還是經驗都遠遠不足。我之所以能跨過這道坎，其實說起來還得感謝我十幾歲時體驗過的危機。

十幾歲時我碰過最大的危機，是挑戰神奈川縣桐蔭學園高等學校橄欖球社。2021年1月第100屆大會時，桐蔭學園連續兩年、第三度獲得全國優勝。我出身於宮城縣加美町，這是個人口只有兩萬五千人的鄉下小城鎮；在父親的指導下，我報考了神奈川縣的桐蔭學園，並奇蹟似地合格入學。當時我住在學校的宿舍，因為聽同學說他是為了打橄欖球打到日本第一才大老遠從九州到神奈川來的，受了這刺激的我便也跟著進了橄欖球社。年少無知的我，

在離家這三年當中所經驗的一切改變了我的人生；我打從心底感謝所有教導過我的社團教練、指導老師、學校老師、前輩、同學、後輩。在十幾歲、二十幾歲的這些經驗，讓我有能力跨越第三次的重大磨難。

第三個危機，也就是現在所碰到的新型冠狀肺炎。說起來有些不可思議，但2020年2月全世界到處都出現感染者人數暴增的狀況時，我心裡的感覺卻跟當年東日本大地震之後的心情相同。我直覺地想到**要是在這當下不做出改變，那自己就沒有下一個十年後可過了**；也因此，我接受了「這世界正在改變」這項事實。

而這個危機，對我來講也是個轉機；我希望全國的工務店、工務店都能被我的熱情所感染，所以我在此寫下為了成為地區首席工務店所應具備的「**思考模式**」與「**具體的實踐經驗**」。

第一章，我會談談新時代的客戶服務。

第二章，我會探討以少數精銳實現最高收益的「顧客管理」與「組織」。

第三章，我會詳細解說什麼才是讓利益留在公司的「企業體質」。

第四章，我會解釋徹底活用IT與網際網路的「攬客」與「徵才」知識。

第五章，我會定義怎麼樣的業務才是對客戶及包商都能帶來雙贏的最佳業務人員，同時也明確定義將來的住宅販售業務人應有的理想型態。

第六章，我會用許多實例來談如何具體活用IT與網際網路，這將會加速DX化的進程。

書中所講述的內容幾乎都是讀過一遍之後馬上就可以實際運用的內容，還請各位讀者在閱讀過後盡快將這些內容發揮在實際行動當中。在你閱讀過本書之後，只要照著做了任何一個小動作，對整個建築業界的發展都將是往前邁進一大步。

2021年3月吉日

伊藤 謙

目錄

室內設計公司數位經營革命：
內部管理＋外部營銷，數位化轉型迎向成長

編者的話

寫在前頭

第1章 產生巨變的「客戶服務」

第2章 以少數精銳創造高收益！顧客管理及組織體制

第3章 即使用合理價格也能創造利潤的結構

第4章 用低成本就能打出最大效果的網路招客！前所未聞的SNS徵才！

第5章 將顧客滿意度拉到最高的「最佳住宅銷售模式」

第6章 使地區、鄉下工務店產生劇變的IT、網路活用33招

結語——佐證持續變革才能帶來生存

各種URL及QR碼一覽表

本書所使用的企業名、商品名稱皆為各企業的登錄商標。同時內文中亦會有省略TM、®的記載。

第一章

產生巨變的「客戶服務」

自始至終，由衷服務客戶

這本書雖然從頭到尾都在灌輸活用IT與網際網路等數位工具、同時還提倡DX化，但在我心中始終有一部分仍然相信「以人為本的傳統服務才是最強的」。我認為，並不是IT或網際網路取代了人類的工作，而是以**「不需要靠人類來完成的事情，就通通交給IT來解決吧」為出發點**。用人力來處理IT或機械可以代勞的工作，並不能算是真正的工作；只有人才能從心出發，帶來有溫度的客戶服務，這才算得上是真正的工作。

尤其是當你要替客戶打造一棟房子時，這種思維就更顯得重要。試想一下如果受到了機械式的對待，做為客戶會是什麼感想。如果人力只能做到近乎機械式的單調反應，那打從一開始就不要投入人力，直接依賴機器就行了。最近有些便利商店推出無人自助結帳，如果只是要按收銀機算帳這種事情，我會選擇自助結帳；但有些便利商店店員所提供的熱情服務態度，會讓你絕對不希望用自助結帳機草草了事。既然動用了人力，那當然最好要能提供IT所做不到的暖心服務品質；不需要人力的事情就交給IT，需要人力的時候，就讓你的工作表現好到足以打動人心吧。

講了這麼多，終於要進入主題了；在「使用人力的傳統式應對才是最佳的服務方式」這項前提之下，就讓我來談談我**對數位化無窮無盡的探討**吧。

你是否能活用三種代表時代的革命性工具？

要是你對接下來所舉例的三種工具完全陌生，或是無法活用任何一種工具的話，那你就吃了大虧了。這些工具對這個時代所帶來的衝擊真的就是這麼無與倫比，這三項就是雲端服務、智慧型手機以及聊天室。

雲端服務

首先要說的第一項工具就是**雲端**服務的誕生，過去那個不先回公司一趟就無法接觸到建築工地資料的時代已經完全成了過去式。即使人在外面跑現場，也可以隨時確認建築藍圖等資料；你可以一邊接客戶打來的電話，一邊查看詳細資訊；一天24小時不分早晚，你都可以連上線閱覽重要資料。**隨時隨地都可以工作**，這就是所謂的「雲端」。

即便是時至今日，我相信也有很多工務店仍採用公司內部伺服器，而非雲端服務。直到兩年前為止，我公司也是這麼做的；這麼做最大的問題是，將資料儲存在自己電腦的桌面，每次都拿「我必須得先回公司才能確認資料」的那些人。工地現場的狀況時刻在推進，但辦公室這端卻扯了現場的後腿，這樣是非常沒效率的。

在瞬息萬變的這個時代當中，客戶所要求的效率也越來越高。五年前如果讓客戶等上一個禮拜都還沒什麼，但現在客戶可不吃這一套。對於這個問題，敝公司採用 Box（www.box.com）這種雲端服務，隨時隨地可以連線查找資料。

或許有人會說「用這種服務不會有資訊安全問題嗎」或是「隨時隨地可以連線，這樣可能會有個人資訊外洩的風險」，但事實剛好相反。因為你資料保存在雲端，即使你的電腦壞了，資料也不會消失；每次有人登錄雲端伺服器都會留下紀錄，誰在什麼時間看了什麼資料都一清二楚。用雲端伺服器，再也不會有什麼公司內部伺服器故障導致「重要資料無法存取」這種狀況；再加上**現在雲端服務便宜，即使是像我們這種中小企業也能負擔得起大企業等級雲端服務的費用**。

綜合以上幾點，根本沒有理由不採用雲端服務。若是貴公司尚未加入雲端服務，我強烈建議你應該馬上將這項新技術導入公司內部。

圖 2　三項重要轉變

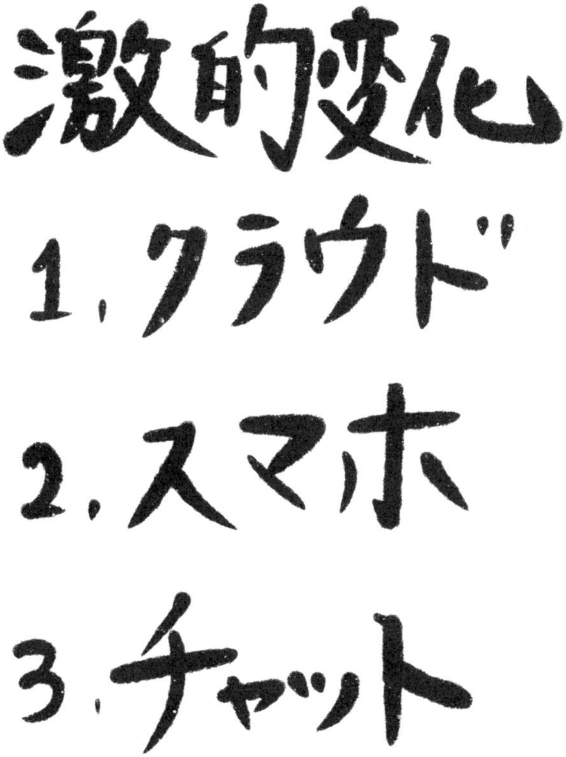

劇烈變化　　1 雲端服務／2 智慧型手機／3 聊天室

智慧型手機

第二項重大轉變，就是智慧型手機的普及。這年頭或許有些客戶手邊沒有自己的電腦，但幾乎不會有人沒有自己的智慧型手機。那換句話說也就可以這麼想吧，以感覺來說，現在100%的客戶都有智慧型手機，並且每天都離不開這項工具。不分年齡所有人隨時隨地都帶著的東西，大概也就只有智慧型手機了。

那麼，請思考以下問題：

「你是否站在客戶會利用智慧型手機的前提下去思考如何提供客戶服務？」

以下介紹宮城縣大和町（宮城縣北部）的某客戶B的案例。

當時我們為客戶B蓋了一棟ZEH住宅（Zero Energy House的簡稱），在我們公司的商品當中，這種住宅屬於最高價位的商品；我們的ZEH雖然性能與大型工務店的同類商品具有相同等級的性能，價格卻比別人低了20%。在客戶入住之後我們訪問過B，他的感想是「夏天從外面回到家，即使沒開空調，一打開門進了玄關仍感到涼爽」、「溫度濕度都保持在一定程度，居住起來非常舒適」，對整體環境非常滿意。

這位客戶B雖然不是做我們這行的，但卻比營建業務還了解相關的知識。我打從很久以前就納悶為什麼他會這麼內行，不過之前我只打聽到說他是做鐵路相關行業的，那麼究竟他是從哪學會這麼多的住宅相關知識？我難掩心中的好奇，最後直接向B詢問：「請問您是從哪裡得到這麼多相關的住宅知識呢？」

沒想到B給我的答案讓我驚掉了下巴。

「我每天晚上都看智慧型手機找資料的」

聽到這裡，我心裡有數了；不管什麼時間、在哪裡，客戶都會靠手機做功課找資料的。做為工務店的老闆，應該學著改掉「該怎樣蓋好房子」的陳舊觀念。客戶在找上門跟你談蓋房子之前，會先透過智慧型手機那小小的畫面看你公司的網頁，然後再決定要不要找你談生意。不光是客戶B，這年頭二十幾歲的客戶們這種傾向更為明顯。

那麼，既然了解了這點，接下來該做什麼呢？答案很簡單，**把你公司的網頁全部改成可以對應手機的瀏覽模式**，然後開始學著**活用 SNS**（Social Network Service）。

不光是對應個人電腦瀏覽的橫向畫面，你的網頁需要「響應式設計」，也就是能同時對應智慧型手機瀏覽用的縱向畫面。關於這方面你隨便找一間網頁設計公司問問就可以打聽得到，只要跟他們說「要能對應智慧型手機」，或是告訴他們「響應式設計」就行了。這部分的費用跟你網頁的資料量大小有關係，但一般來說大概花個五十萬日幣、給他們三到四個月左右的時間就能完工了。

在此提供2020年11月更新過的敝公司網頁給大家做個參考（aihome.biz），不管用電腦或是用其他行動裝置來看這網頁，內容應該都是一致的。至於活用SNS的部分，第三章的攬客與徵才部分再做詳述。

聊天室

最後，第三項重要的革命性工具是透過聊天室溝通。不知你是否注意過客戶希望的並不是電話或電子郵件，而是透過「聊天室交談」？舉個例子，比如簡訊（SMS）、LINE、Messenger這些等等。

聊天室的最大特徵，就是它**不像電話那樣會佔住對方的時間不放**。即使是大清早或三更半夜

圖 3　在智慧型手機上也能輕鬆瀏覽

〔AIHOME網頁〕

這些時候，聊天室也不會對對方造成太大麻煩。另外，它又像電子郵件那樣，有標題有收信人，同時**又不需要寫些「平素多受您照顧了」之類的空虛文字**。

換句話說，用聊天室跟客戶來往，可以做到比電話或電子郵件更深入的交流。不但節省了彼此寶貴的時間，還能直搗對話核心，這就是聊天室的強大之處。

２０１１年東日本大地震時當我聽說「比起電話，LINE比較容易接通」時，腦海裡馬上浮現了未來將因此產生巨大轉變的畫面。

當時公司發給員工的電話仍是傳統的折疊式手機，但２０１７年12月我改推全公司員工一人發一支iPhone，同時內建LINE WORKS（line.worksmobile.com/jp/en），對內的所有聯繫幾乎都改用LINE進行。

編註：LINE WORKS設定與操作分享 https：//www.techbang.com/posts/79516-dont-want-to-be-a-double-gun-use-line-works-to-keep-your-account-seisilet

另外，本公司對客戶的聯繫也幾乎都改用LINE，以我個人的經驗來說，從第一次與我們接洽一直到完工入住這一年多當中，有些客戶甚至從頭到尾僅僅跟我們通過兩次電話而已。這一年當中所有的聯繫幾乎都只靠LINE聊天室來彼此溝通。

那麼，實際上這麼做的客戶滿意度到底有多高？說老實話，第一次看客戶滿意度問卷的時候，我是非常緊張的；可是實際上即使我們用電話聯繫的次數屈指可數，客戶給我們的滿意度回饋仍佔多數。「回應頻率很高」、「緊急聯絡也能迅速得到回覆」等等都是客戶對我們的評價。這就是**光靠電話聯繫所無法做到的新形態客戶服務。**

假如不想使用LINE WORKS這種收費服務，那麼即便是傳個簡訊也好，一開始可以先從簡訊這類簡單好上手的東西開始嘗試。**與客戶交談時，也必須讓客戶知道使用聊天室「對客戶也有好處」。**

做為參考，以下說說如何向客戶推銷使用聊天室溝通。

「某某先生，關於今後的聯絡方式，敝公司推薦您使用手機簡訊或是LINE。如果突然需要聯繫，有時可能會因為人在工作中而無法使用電話聯繫，關於這點，若是使用簡訊聯絡，那麼您無論身處何種狀況都能收到聯繫。

我們只會在值得推薦的土地資訊或是收到對您有益的消息時跟您聯繫，絕對不會無故打擾您。請問使用手機簡訊或是LINE的哪一種跟您聯繫會比較好？」

像這樣的營業話術，可促進與客戶的溝通機會。自建住宅是件有趣的事，而跟工務店的窗口彼此溝通也是樂趣的一部分。就我來說，不光是LINE，貼圖、顏文字、圖畫文字等等能表達情感的東西也應該盡可能多加利用。

「聯絡必須透過電話」這種觀念，應該鼓起勇氣與之漸行漸遠。由於將來會跟客戶多加聯繫、確認重要的內容，所以我推薦使用收費但卻有較高資訊安全門檻的服務。現在正是該重新審視與客戶溝通方式的時候了。

在智慧型手機的時代，什麼才是良好的溝通？

當工務店接下了客戶的自建住宅委託，最重要且不可或缺的就是充分的溝通。只有良好的溝通，才能蓋出好房子；這點誰都知道，也誰都想做到。

可是，這裡該轉回頭想想，難道跟所有的客戶都能做到充分且良好的溝通嗎？性格、年齡、興趣、嗜好，每個客戶都不一樣，你真的能放低身段對應每一個客戶並且滿足他們的需求嗎？再者，與客戶的溝通當中最重要的究竟是什麼？找到與對方的共通點、興趣相投，這當然是一招。或者你也可以試著投其所好，去理解客戶的原則與喜好，這也是個辦法。

不過如果真的要說什麼才是最重要的，那我得說一切都要歸結到「**有速度感的溝通**」體驗。工務店該做的，是珍惜客戶有限的時間、將客戶的不安與煩惱化為喜悅與期待。每當被問到什麼，就必須要**表現得像是能迅速解決客戶的疑難雜症，並且還要能提供具體的方法。**

以上這些要想靠電話或是當面交談來達成，那肯定是不可能的。也因此，才更該選擇使用聊天室等工具來活用「利用智慧型手機來溝通」這個方法。在後面的篇章當中會提到關於聊天室無法實現的部分可以改用線上會談等工具，即使不真正面碰面，也是可以做好客戶服務的。

圖 4　在智慧型手機的時代，必須追求速度感

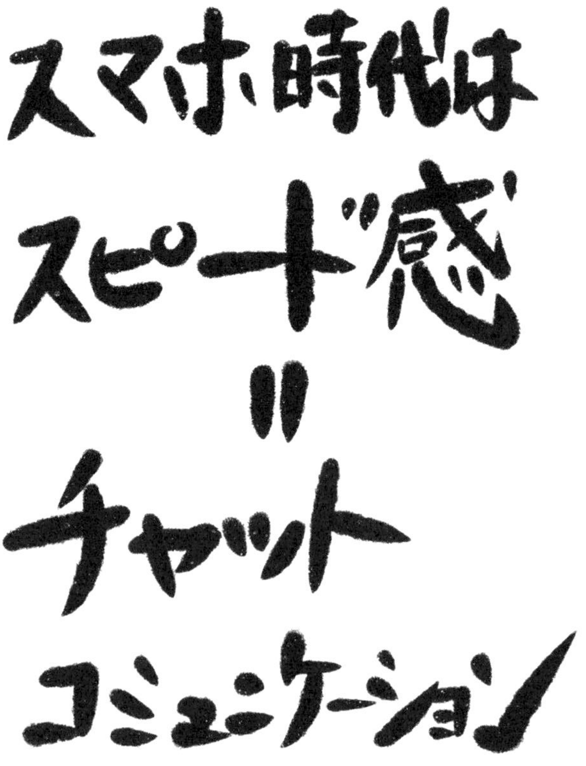

在智慧型手機的時代，所謂的速度感就意味著透過聊天室進行溝通

應該全力習得的三項訣竅

在新冠肺炎感染擴大的期間，多數人被迫在家遠距工作，這也使得線上面談等工具受到矚目。這些東西如今應該無人不知、無人不曉，在此我就談個比較有代表性的，Zoom（zoom.us/zh-tw/meetings.html）。

其實十年前 Zoom 早就問世了，我自己也是從五年前就開始用這工具。可惜當時 Zoom 並不普及，每當我想用 Zoom 交談時，對方總是跟我說「有什麼直接見面說就好了」。

這中間其實藏著個很大的轉機兼商機，不管是什麼樣的工具，只要用順手了，這項工具能帶給你的好處就會長期且持續存在。你為了理解並適應這項工具所需要投資的時間與精力只有一開始的一小段時間，比如說像是學著騎腳踏車這樣，長期來說對你而言這是非常有魅力且有效率的一件事情。即使你現在投資下去並沒有立刻得到回報，等到哪天你需要面對重大變化，有需要做出這些投資時，你仍是需要付出這些時間精力並且必須得熟習這些事物的。

那麼，以工務店來說，你應該全力以赴去學的就是以下要談的這三項。

網路會談

透過VR展場遠端接客

數位契約

我們一項一項慢慢講吧。

網路會談

講到網路會談，最具代表性的就是Zoom了。這軟體讓身處兩地的人可以互相連結，進行對談；平台不管是電腦還是智慧型手機、平板電腦都可以，只要能上得了網就行，完全不問地點。

一不需要出門，二即使是窩在家裡帶小孩，也可以同時跟工務店聯絡；想想看，還有比這軟體更劃時代性的神奇工具嗎？這工具不但方便，而且還可以免費使用，這樣一想Zoom會普及便是理所當然的事情。你還等什麼呢？與其考慮怎麼使用這工具，不如先跳下去用了再說。只要用過，你就會知道是怎麼回事了。

問你一個問題，「你一天跟人 Zoom 幾次？」

如果你一次都沒用過，那接著看下個問題。

「你一個月當中會進行幾次線上會談？」

如果你是一個月中不超過五次的人，那你最好有個自覺，以工務店工務店來說，你已經輸人輸了很大一段距離。不管你的營業範圍多偏鄉，只要使用 Zoom 就可以突破實際距離限制，與人線上交流。只要注意到了這層可能性，那你應該很明白接下來該做的是什麼才對。

我一天平均 Zoom 三次，時間可長可短，有時候可能只說幾句話，有時候也可能會講上一個多小時。

2020年5月，我任命公司員工為內部 Zoom 推廣負責人，並將所有的會議全部改用 Zoom 進行。這不但沒造成任何問題，而且還可以在外地與總公司直接聯繫，得到了**「省掉了移動的麻煩，效率有所提升」**的評價。

若你仍不知道該從何開始下手，那麼在本書最後我會留下我的 email，歡迎與我直接聯繫。聯繫之後，我會馬上用 Zoom 與你進行線上對談，只要談過你應該就會理解線上會談的潛力。

如果你對此有所抗拒，那我還有個更簡單的辦法。

你可以上 Google 或 Yahoo! 這些搜尋引擎，然後搜尋「Zoom　使用方法」，馬上就會找到一堆說明書。

好啦，你甚至根本不需要去搜尋什麼，你公司內一定有人用過這些東西。你只需要說一句：「用過 Zoom 的人舉手」，然後把舉手的人指派成專員讓他去忙就好。

同時，我們也玩出了新花樣，開始進行主打線上特有的客戶服務。我雖然是老闆，但同時我還是會跟客戶直接對話的。我就曾與「AIHOME 建築販賣」團隊的成員橫山所負責的客戶多次透過 Zoom 會談；橫山跟客戶人在現場看工地，我人在總公司裡頭跟他們連線開會。縱使橫山經驗仍有不足，無法應答如流；只要我人在線上，相隔兩地我也能接手對應客戶。

使用 Zoom 參與會議，就馬上會注意到這背後的巨大可能性。站在客戶的角度來看，能深入淺出用簡單幾句話就能滿足他們的疑問是最重要的，這就是線上會談服務最大的用處。我相信這方面在未來會持續加速成長，同時我也得承認在敝公司內部已經能活用這項工具的部門仍是少數，目前我們已經開辦業務研習、設計研習這些線上課程，在培養技能以及開發能力這些方面，相信線上工具會帶來重大改革。

透過VR展場遠端接客

接下來我們來談談VR展場。

話說從頭，這還得先問問你有沒有接觸過遠端客服？如果這輩子還沒試過遠端客服，那我推薦你先用智慧型手機看看我們公司網頁（aihome-vr.com）所提供的樣品屋內容。你不必刻意跑到樣品屋參觀，也能確實理解樣品屋的內容，並有明確的印象。只要你是個曾經蓋過不少房子的工務店老闆，我相信你一定能憑藉藍圖就能直接在腦中產生建築物的畫面，但客戶可沒這個本事。如果沒辦法產生明確印象，那他們便只能前往樣品屋直接參觀，這時候，**去哪裡、看哪個樣品屋，促使客戶做出這項決定的要因就是遠端客服所需要扮演的角色。**

利用VR展場，即使身處外地也能帶客戶參觀樣品屋。我第一次嘗試這種賞屋方式的時候，心想時代真的變了，即使不看實物也能下決定買房子的時代居然來了。想想看，不管是買車、買衣服、買書、買家電，你是否有過不先看清楚實物就掏腰包的經驗？

用智慧型手機看照片、判斷是否符合自己的喜好，看其他人的評價、決定是否要買下這件東西。站在客戶的立場來說，買房子也是這麼回事。

在參觀實物之前，首先客戶會先行閱覽型錄資料或網頁做做功課。在他們跟業務人員實際接

圖 5　一直到客戶來店洽談為止的所有流程

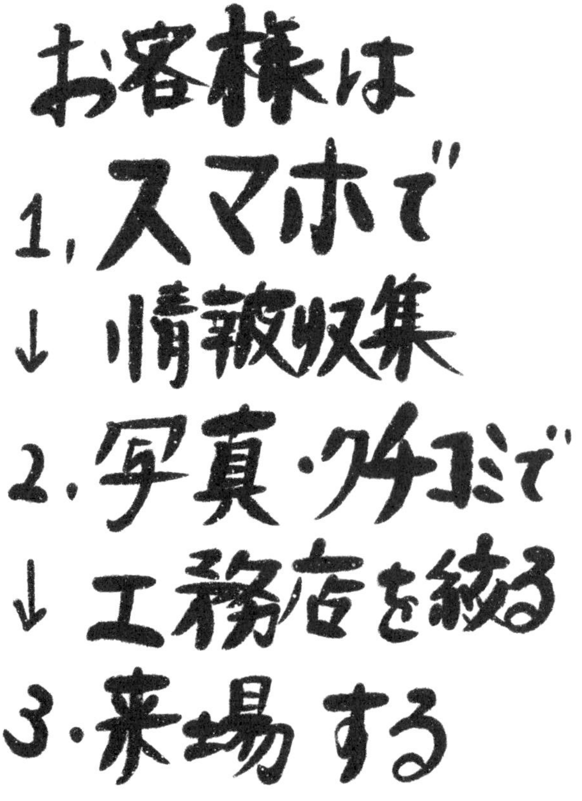
お客様は
1,スマホで
↓ 情報収集
2.写真・クチコミで
↓ 工務店を絞る
3.来場する

1 用智慧型手機收集資訊→ 2 透過照片、網路評價來挑選工務店→ 3 來店洽談

觸之前，他們會先做預習，即使嘴上不說，但這就是現代客戶實際會做的事情。

那麼，站在工務店立場的我們又有何對策？

首先應該做的是，**讓客戶即使身處家中，也能透過智慧型手機幾乎完全理解自建住宅的一切細節。**即使你人在家中坐也無妨，重要的是創造一個環境，讓客戶在下班後回到家的閒暇時間也能思考自建住宅的每個細節。通常客戶想知道的事情，不外乎以下這些：

- 到目前為止工務店蓋過些什麼樣的房子？（施工實例）
- 各種商品有什麼樣的特徵？（商品線上型錄）
- 實際入住客戶的感想如何？（客戶反饋）
- 跟自建住宅實際相關的人員是些什麼樣的人？（工作人員介紹）
- 工務店公司的特徵為何？（公司簡介）
- 樣品屋的隔間與設計？（VR 展場）

只要客戶提起了興趣，他們就會不停深入研究。**而研究意味著什麼？意味著他們腦海中會浮現更多疑問，當他們有了更多疑問，才會主動跟你聯絡，想聽你說話。**一直到客戶呈現「想了解更多」的狀態，他們才算是真正準備跟工務店談談。到了這個節骨眼，才是展示你長期以來所累積的豐功偉業並讓客戶理解你有多大本事的時候。

而要讓上面這些事情在不出大門的前提下就能完成，便得靠ＶＲ展場及線上客服。當實際做線上客服時，你會碰到各種無法預料的狀況。

接下來我就舉個例子，有對不到三十五歲的年輕夫妻透過我公司網頁的線上客服跟我們聯繫，這兩位是完全沒跟我們接觸過的新客戶，我們也無從得知他們是什麼樣的人。唯一知道的是，他們想要「遠端參觀」一棟在仙台市的建案。

到了預約的日子，連上了線，這時候我們才知道「為什麼他們要遠端參觀建案」。他們有一個兩歲大的孩子，當我們在線上一邊交談，還可以聽到背景傳出兩歲小孩在家裡發出的歡樂笑聲。如果他們不是遠端參觀，而是實際跑到建案所在地參觀，那會發生什麼事？你必須強迫一個兩歲大的孩子安靜下來不吵不鬧，這樣客戶哪還願意聽我說話？

遠端服務是個讓人可以坐在家中，同時還能闔家參與購入新屋的方法。正是因為像這樣受制於家裡有年幼子女而被迫放棄採購新屋的人，這才讓我體會到這項方法背後的更多可能性，並且想要高聲推廣這種模式。

在跟這位客戶遠端連線時，還發生了一件讓我意外的事。他們原本希望的是線上看屋，但他們卻提出了「**想要前往當地實際看房**」的要求；在此該注意客戶的行為，他們**在體驗過線上看屋後，產生了想實際看屋的興趣**。這個流程並不是前往看屋→線上面談，而是**線上看屋→實際前往看屋**這樣的流程，這就明顯表示客戶服務呈現的新形態。

數位契約

最後，我們來談談數位契約。

你或許會覺得這是理所當然的，但不知道你是否曾想過為什麼契約書上必須得蓋印章？我認為，印章文化已經到了需要被重新審視的時候。

買房子對客戶來說是筆大買賣，你甚至可以說這是人生當中買過最貴重的東西。正因如此，契約行為的背後或許隱含著客戶的不安情緒，客戶想要跟可靠的工務店簽約也自然是不言而喻。

站在工務店的立場，能簽約當然是再好不過。工務店想要生存，就必須不斷取得新的契約；而工務店想要永續生存，就不可能省掉簽約這個步驟，所以我強烈建議你盡早將契約行為數位化。我公司從2019年4月開始採用數位契約，到了2020年10月，我們簽的契約有

80％都是數位簽約。

數位契約有以下三個好處：

第一點，**你不再需要用紙本保管契約**。這就意味著你不會再有搞丟契約的風險，在自建住宅時，你會發現相關文件的數量遠比想像中多得多，而若是能避免重要文件弄丟的風險，這就是件很重要的事情。

第二點，**你可以省下印刷費用**。根據住宅價格，印刷費用有時可能高達一萬日圓，這部分通常都是由客戶來負擔；但若是選擇數位契約，這些印刷費用就會全部消失。同時不光是省下印刷費用，購入指定表格的時間精力、蓋章所浪費掉的時間都可以省下來，能節省時間與成本，這也是很重要的優點。

第三點，**即使人在遠方也能簽約**。你不再需要面對面蓋章辦手續，即使客戶人在外地也能完成買賣流程，對於正在考慮蓋房子的客戶也不失為可行的選項。2019年有位住在東京都新宿區的客戶與我們透過數位契約成交，他還很意外地說「沒想到還有這種辦法」，對此非常感謝。

另外，房屋貸款等手續雖然無法完全數位化，但大部分的首須都可透過電腦或智慧型手機來完成。即使是數位契約，在金融機關也會被認可為有效的房屋貸款必須文件，交給國稅局作為節稅證明也是可行的。

越早開始採用數位契約，你能享受到的利益就越大。像我公司目前所採用的數位契約工具就是CloudSign（www.cloudsign.jp）這間的服務。

現在不管是委託契約、土地買賣契約、建築物買賣契約，還是外觀委託施工契約書，我們都改用數位契約。**重點是只要習慣了這種模式後便夠你用下半輩子**，只有一開始你需要花點時間去適應而已。如果你知道蓋一棟房子有多麻煩，那你一定願意投入時間精力去嘗試這項新的選擇。

在第二章，我會談談將小規模組織變成優勢的顧客管理以及組織文化，如何活用IT與網際網路，並且養成帶來高收益的組織體質。

第2章

以少數精銳創造高收益！顧客管理及組織體制

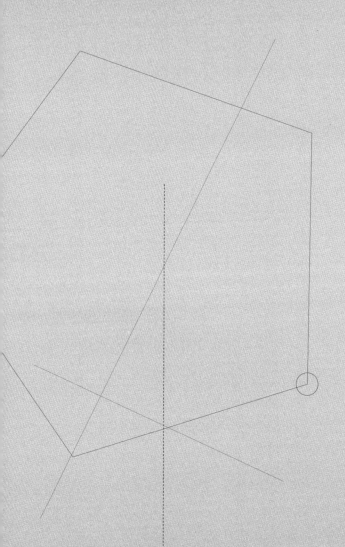

你是否忽略了將來可能改建住宅的潛在優良客戶？

經年累月住在工務店經手建築的房子裡，隨著家庭生活方式的變化及建築物本身的老化狀況等因素，久而久之屋主便會產生改建或整修的念頭。站在建築者的立場來說，跟客戶的關係是從生到死一輩子的事情；在接單承包蓋好房子之後，只要維持好與客戶之間的關係，到了客戶想要整修房子時**你不必主動上門推銷，客戶也會來找你談改建工程。**想要做高收益，並不一定是從客戶身上撈光所有油水；而是用最少的人力與最低成本的制度去做同樣的工作才會創造出最高的利潤。這一點是專做改建及室內裝潢工程的業者所沒有辦法跟工務店同台較量的。**工務店因其特殊性，更該依其精簡之規模來追求最高收益、徹底做好顧客管理。**

住宅改建的基本流程可以分為以下七項：①業務提案、②把握現狀、③製作／提出報價單、④工程準備、⑤改建施工、⑥請款、⑦確認入帳。

在這七項當中，工務店可以省掉其中兩項，這是因建築物乃是出自於自己之手，所以可以省下一部分力氣。這兩項指的是①業務提案與②把握現狀，因為工務店當初就負責蓋了這棟房子，所以很清楚這棟房子是什麼時候用什麼材料建成的，因此**幾乎不需要花費時間與成本去掌握現狀。**同時又因為**早就與客戶建立了良好的信賴關係**，也根本不需要刻意再去做業務工作。

目前我公司正在強化住宅改建這方面的業務，下面我來分享一下2021年2月的現在狀況。

自開業以來，敝公司已建設超過兩千五百棟住宅。在完工後我們都會提供免費住宅定檢，完工後兩年內共計六次檢查服務。由於客戶對這項服務的好評及期望，公司正式規劃要將售後服務長期化，當作一門事業來做。五年、十年、十五年、二十年，每五年做一次長期訪問檢查，這樣便可詳細記錄並了解建築物本身的狀況。

同時透過這項檢查服務，**我們不必刻意跟客戶打好關係，也能自然營造出良好的互動，當客戶想要改建自己的住宅，便會先來找我們談談。**做業務重要的不是怎樣把你的房子推銷出去，而是讓客戶覺得你的存在對他們有益，這才是最重要的。

照正常人客戶的思維邏輯來說，當你想要改建整修自己的家，你不會先跑去找間完全沒接觸過的業者，而是先找當初幫你蓋這房子的人。不過，在這年頭能像這樣做好長期定檢的工務店，或者是能建立起良好信賴關係的工務店，應該還是占少數中的少數。

我們應該要有個認知，客戶不光是給我們機會讓我們蓋房子起厝有口飯吃，更重要的是他們還很可能有改建住宅整修裝潢的需求，站在長遠眼光看他們都是優良有潛力的「未來客戶」，光是站在這點來看我們便應該更加強化售後服務。如果有了這點認知，**那定檢服務的質便會有所提升，同時對於有改建整修需求時的反應速度也會更加快速。**這對於身為帶有地方色彩的工務店來說，可說是終極的客戶服務；也因此，這種售後服務是絕對勢在必行的。

工務店的「顧客管理」為何總是那麼low？

日本最頂尖的住宅顧問長井克之先生曾說過下面這句話（摘自《住宅經營言論》住宅產業新聞社，1996年）：「住宅業界是個顧客管理非常糟糕、素質極度低下的圈子。」

這句話雖然是寫在1996年9月所發行的書籍當中，但卻對身處2021年現在的我造成巨大衝擊。不知道這句話對你是否也有同樣重大的影響？自古至今，工務店業界最大的課題之一就是顧客管理。

同時長井先生也將工務店業界的顧客管理之所以那麼落後的原因陳述如下：

- 總是在找新客戶來滿足自己的生意缺口，對於已經服務過的顧客總是棄置不顧。

- 因為怕客訴所以從不敢多方嘗試，尤其是對於像售後服務這種只有消費沒有利潤的東西。
- 住宅一旦落成之後便有20年到30年的空窗期，不會去期待是否可能衍生出新的訂單。

大概就是基於以上等理由，導致業務員裝死、企業也放水流。對於實際住在這棟房子裡在某種意義上算是拿命在搏只求一個「家族幸福的居所」的客戶們來說，實在是非常失禮的一件事情。（出自《住宅經營言論》住宅產業新聞社，1996年。引用內文）

那麼，看到這邊，你會怎麼做客戶管理？站在客戶的立場來考量，做為工務店，你沒有理由放生客戶管理這塊業務。

在思考顧客管理時，其目的大概可分為兩點，一個是因為要好好照顧將來可能會委託自己做改建的客戶，而試圖**架構能長期存續的售後服務體制**；另一個目的則是為了**打造與客戶的信賴網路。**

在第三章「來自客戶的支援」當中也會提到，對工務店影響的最大要素除了客戶的支援之外不做他想。在少子高齡化越發嚴重導致住宅施工總數漸趨稀少的今日，經營者光是靠著廣告作為宣傳手段無異於自尋死路。

從昭和62年一直到平成2年，日本泡沫經濟的景氣崩壞都過了這三十年，但整個業界整體宛如仍活在往日泡沫經濟的美好榮景當中。我個人並沒體驗過泡沫經濟的榮景，從頭到尾所做的一切也都是站在以客為尊這個出發點，所以對於自己在這個嚴苛的時代成為工務店經營者這件事情其實是打從心底抱著感謝的。

站在客戶的立場出發，締造客戶與公司、客戶與公司成員之間的信賴關係，這就是最基本的客戶管理。一個業務所接觸的客戶其實並不能當作只有一個人來算，若是將朋友、家人、親戚都算進去，至少也會超過三十個人；真要算所有見過面打過招呼的人都算進去那可會超過一百個人。用最理想的狀態來說，我們當然會希望能把這一百個人都給他加入自己的好友圈，但反過來說，你惹毛了一個人，就得做好惹毛一百個人的心理準備。

這套針對地方工務店的「信賴小圈圈」理論，是由長井先生所提倡，他將這稱之為「人緣地緣的信賴網路」。我深受這位業界大前輩的理論影響，將此奉為工務店圈子當中最應廣為流傳的重點之一，本公司也必將永續推行這套理論。（圖6、圖7）

信賴小圈圈的核心就是顧客管理，為了成功做好顧客管理，徹底活用IT必不可少。具體究竟該如何管理？我將分享追求顧客管理的案例，並探討工務店業界的顧客管理應如何進行。

應如何用IT實現顧客管理？

顧客管理對於永續生存是絕對必須的，具體而言應該如何進行，我將舉自家公司的案例來介紹整個流程。

圖 6　人緣＝人與人的關聯

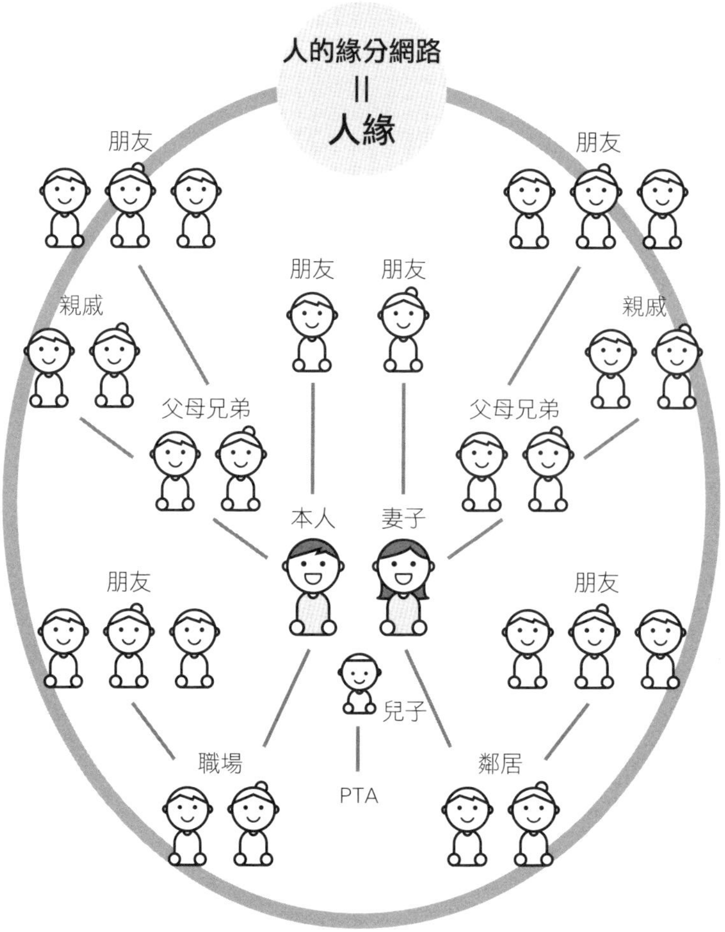

圖 7　地緣、信緣＝地域、信賴的聯繫

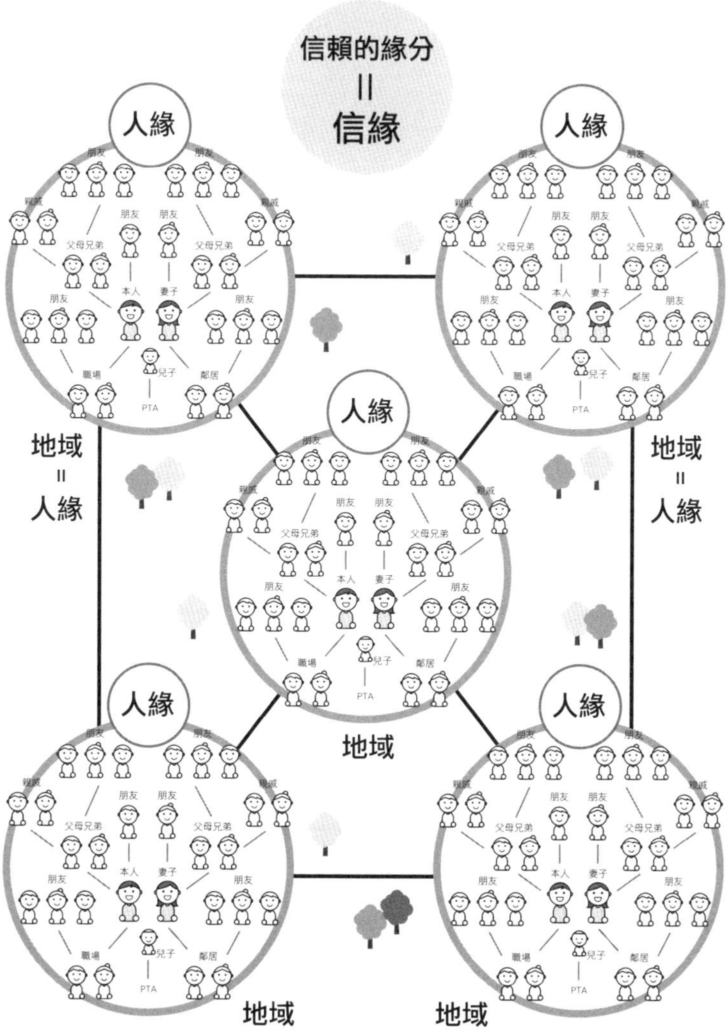

顧客管理的目的，可以凝縮成以下兩點：

① 為了抓住將來可能會委託改建的客戶

② 為了打造與客戶的信賴網路

只要實現以上兩點，你不但可以長期抓住經人介紹委託得來的新住宅建設委託，同時還能確保將來的改建訂單。只有經年累月長期在地深耕，才能不怕外部環境的風風雨雨，永續經營下去。

顧客管理的第一步，我會建議你先整理一下顧客清單。在實踐IT化之前，先將客戶分為以下幾類：

① 簽約顧客（已經簽約的顧客）

② 入住顧客（已經交屋入住的顧客）

③ 潛在顧客（還沒簽約的顧客）

第一類顧客，是已經跟自己簽了約的顧客；第二類顧客，是簽過約蓋好房子、交屋且已經完成入住的顧客。第三類，則是尚未簽約的顧客，所以對這類顧客你需要多做業務工作。在每間公司的稱呼或多或少可能有些不同，但基本上不管哪家工務店大概都可以把客戶分為這三類。

將這三類分類套用在自己的公司顧客身上，直覺性地回答以下七個問題，來對執行顧客管理的徹底程度做個確認吧。

- 本月簽約日有多少組客戶簽約？
- 本月已經開工的現場有幾戶？
- 貴公司的「入住顧客」有多少？（累計已交屋的數量）
- 本月新規客戶面談數前三名的業務是哪些人？
- 本月來索取資料的客戶數量有多少？
- 本月已建成的戶數有多少？

只要以上問題能即問即答出一半以上，那就算是對三類客戶的分類做得相當徹底了。

圖 8　顧客管理的概略圖

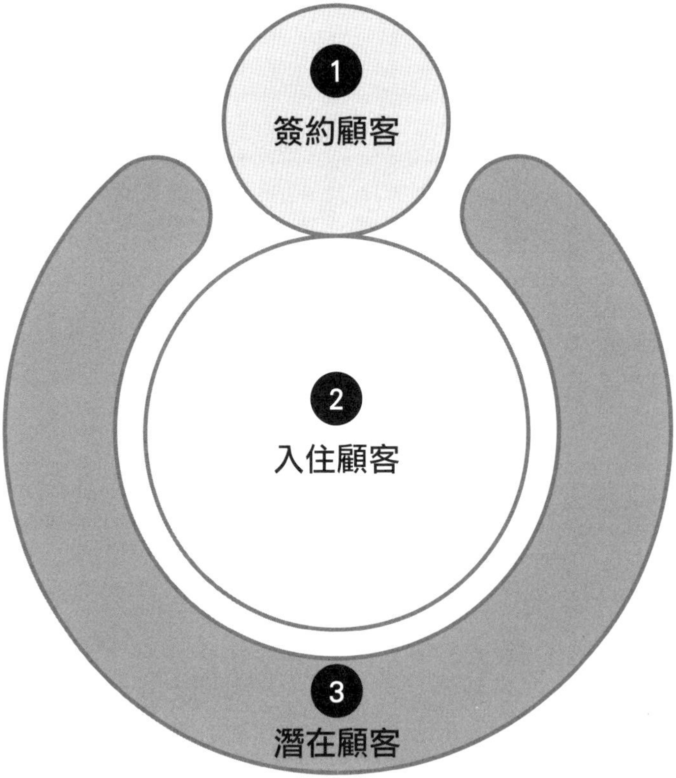

潛在顧客通常就在簽約顧客及入住顧客的周遭。當朋友住進新家之後他們就會去朋友家拜訪，或者是在自家附近看到新的建築工地，就會注意到負責那間住宅的工務店。也因此潛在顧客的型態會如上圖那樣包覆簽約顧客及入住顧客。

即使其中有一個問題無法馬上答出來那也完全無所謂，就我個人而言，我一直到兩年前為止都無法馬上答出全部的問題。而這兩年全是因為我注意到顧客管理的重要性，徹底執行顧客管理才能做到這一步。只要照著順序來，任何公司都可以做得到這個程度。對某些公司來說，顧客管理最重視的部分可能有所不同，但一般來說我會建議從**①簽約顧客↓②入住顧客↓③潛在顧客**這個順序開始著手整理。

之所以這樣制定這個順序，是因為當你確實做好對已簽約顧客的管理時，你眼前的顧客會感到非常開心。對於潛在顧客，任何公司都會拚命想讓顧客簽約，所以本來就是顧客管理當中的重點，不在話下。**換句話說，做顧客管理時你首先該重視的是簽約顧客，再來是入住顧客；最後，當契約顧客跟入住顧客都顧好了，再來研究如何照顧好你的簽約顧客。**

在我公司，現在有２５５３組入住顧客、每個月會有大約１００組的新規潛在顧客上門。這個數量如果堅持要用手寫表格來管理基本上是不可能的，因此，顧客管理應該徹底活用IT來代勞，「任何不需要人類動手的事情，都該放手讓IT來做」是我們最重視的。

IT顧客管理最重要的就是「一個顧客、一個ID」，有時大家會將他稱之為「顧客代號」，在我公司，我們將之稱為「絕對鑰匙」。在透過資料進行顧客管理時最常碰到的問題是資料之間的難以整合；有時候因為不同人負責輸入資料，姓名的輸入方式就有可能出現不同，或者是因為打錯字而導致資料難以匹配。管理時你需要的不光是姓名與住址，你還需要為每位顧客打上個「ID」；不管使用何種IT工具，你都能透過顧客ID找到這個人。

由於你會需要用到顧客ID及其所管理的資料內容來進行開工前的建築物件管理、開工後的工程管理、完工後的顧客管理，這些都需要與IT服務搭上線進行連結，所以我會建議你不要用顧客的姓名而是另外自創公司內部的管理方式並編碼打上「ID」。只要掌握這個ID，你用Excel整理顧客資料時就會簡單得讓你感到不可思議。

敝公司使用**Salesforce**（www.salesforce.com/jp）與**公司內部系統**來做顧客管理以及建築物件管理。實際上光是使用Excel也是可以做到顧客管理的，所以我公司的方法在此也僅供參考，那麼接下來，我們就來談談顧客管理的重點。

簽約顧客的管理

已簽約的顧客管理，可分為**開工前管理**與**工程管理**這兩個部分，這兩個部分的管理都不是根據「人」而是根據「流程」進行管理。在我公司，我們將人本資訊稱為「客戶情報」、流程資訊稱為「物件情報」；當客戶跟我們確定簽約的那天，這位客戶的資料就會被分類到「開工前管理」。當客戶的開工時期確定後，這位客戶的資料就會被分類到「工程管理」。基本上大概就是像這樣，根據簽約日期與開工日期為基準，把客戶資料分到另一個資料夾去（圖9）。

首先該著手的，是已簽約顧客的「開工前管理」；開工前的管理要是有任何疏失，那在整體工程上就會給客戶帶來麻煩。同時不光是給客戶找麻煩，你手下的師傅們在工作時也會感到混亂；在東日本大地震後，受限於業者及現場專業人士數量不足的情況下，同時施工規模仍能從一〇〇棟提升到200棟這個施工體制的背後就是靠著「**徹底做好施工前管理**」才做到的。

每個月的十日我都會召開**工程促進會議**，會議中所討論的是對**接下來三個月要開工的建築物件做事前確認**。先確認建案數量，然後再一件一件確認開工前需要注意的事項；當每件事情都確實按部就班完成，你的工程才有可能如期進行。

圖 9　根據顧客類別將顧客分類到不同的資料夾中

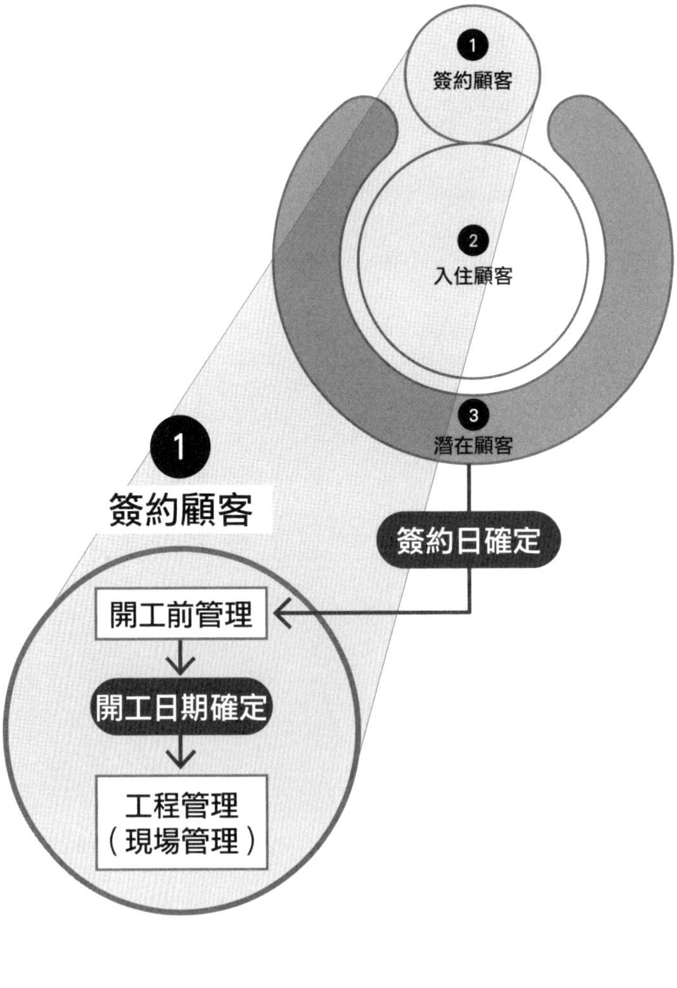

雖說知易行難，但這種管理方式是有其必要性的，我的公司現在每個月也都盡可能照例舉行這種工程管理會議。

當這種開工前管理能夠徹底落實、工程促進會議也變得有條不紊之後，工程的平準化也就不再是夢想；提升品質、降低成本、簽約顧客的工程管理也能更加順手。關於這部分我們留待第四章再來詳細討論。

入住顧客的管理

當你能確實管理好開工前建築物件，那接下來該做的就是管理入住顧客了。這不但是在你做售後維修服務時會需要，且對於將來做整修時也是絕對有必要的，千萬不可馬虎。

首先，應該先掌握已經交屋的客戶戶數，這個答案必須要記在心裡，被問到時隨時能回答。當2021年2月13日我正在寫這本書的時候，我公司已經交屋的戶數是2553戶。每天都要能計算出交屋客戶的數量，並明確記下這數字。（圖10）

所謂入住顧客的管理，自然就是指這2553組客戶的資料；最好是能做到有姓名有地址

圖 10 即時顯示入住顧客的數量

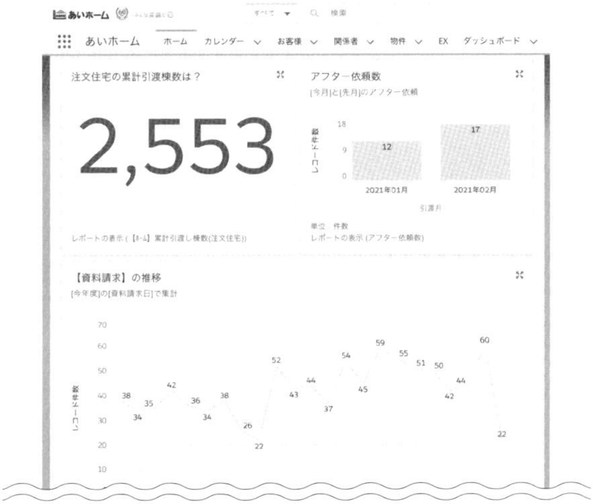

有聯絡方式，還能直接叫出建築藍圖跟建設中的照片等等資訊。

因為是自家接單自己進行工程，所以對於客戶而言，我們應該掌握了所有相關的資訊才對。但同時，若沒有明確的規範、無法活用IT，則情報整理仍會有不盡完善之處。

建造一棟住宅時的藍圖以及資料量非常龐大，你會需要很多空間去收納這些東西。若是使用紙本進行資料的儲存與管理，這些資料本身不可能隨便往書櫃裡一丟就能了事，你必定會需要細心整理與存放。如今電腦掃描技術非常發達，我會建議大家**把這些資料加以掃描做電子化，並且分門別類以備隨時需要**

時可以馬上查找。

如果過去的資料量太大，一下子要全部做電子化忙不過來的時候，那便優先把當下的客戶資料先做電子化即可。例如將近程目標設定為「將2019年度的客戶資料電子化」，慢慢推進全面電子化。**最重要的並不是做電子化本身，而是隨時能將客戶的重要資料叫出來**，做出革新的同時，千萬別忘了初衷。

接下來總算要提到潛在客戶的管理了，這點我會將它寫成「同時兼顧客戶管理與業務流程」這個主題。

潛在顧客的管理——同時兼顧客戶管理與業務流程

除了重視已交屋建案的客戶資料，還要謹慎對待已簽約客戶的流程管理（尤其是開工前管理）。

徹底做好這些，對於地方工務店想在地方站穩腳跟、拉到新客戶簽約委託蓋房子是不可或缺的。當然，為了還沒到手的合約，所有的工務店都會使盡全力做好這部分的客戶管理，這不就是「**潛在客戶管理**」嗎？

在此我公開敝公司對於潛在顧客管理的重要方針以及實際管理方法，希望能對各位有所幫助，並能摸索出更好的管理方法。

在探索潛在顧客管理的方法時，首先要**理解顧客的消費行為**。若無法確實理解客戶的想法，那也不用提什麼管理不管理的了。

撇開可能發生的稱呼差異，基本上這跟我所講的都是同一套玩意，我將這種客戶購買行為稱之為「**AISAS 模式**」。

①A（Attention、認知）…對商品或製造公司產生認知

②I（Interest、興趣）…對商品或服務產生興趣

③S（Search、搜尋）…搜尋並比較同類商品或服務

④A（Action、行動）…購入商品或服務的行為

⑤S（Share、共享）…留下評價並與他人分享

拿買手機當例子來講吧，你喜歡看日劇，而你看到了自己喜歡的藝人手上拿著一隻漂亮酷

炫的手機（A：認知）。晚上，你在家看 YouTube，網站廣告出現了同一款手機的資訊（I：興趣）。你想到差不多該是換手機的時候了，馬上就動手上網搜尋最近有哪些新款手機上市、找朋友打聽有哪幾支手機比較推薦的，心裡很快就有了底（S：搜尋）。利用假日，你去了手機店找店員打聽一下詳細內容之後，買下了一支手機（A：行動）；回到家滿心興奮地開始玩手機的各種新功能，日常生活中也經常用到這支手機，非常滿意。在心滿意足之後，你在跟朋友聊天時稱讚了自己這支手機有多好用多棒（S：共享）。這就是 AISAS 模式，不知道這樣你是否能理解？

這個①～⑤的流程，隨著智慧型手機的普及化而迅速加劇，原因很簡單，因為只要靠一支智慧型手機你就可以做到以上①～⑤所有流程。網際網路 24 小時不打烊，你不分白天黑夜都可以拚命買買買，也就是 AISAS 這個流程不斷地循環再循環。

那麼，接下來就將上面這個情節換成買房子來看看潛在顧客管理該怎麼做吧，當被稱為「潛在顧客」的族群「出現在房屋展售中心」的瞬間，他們就已經算是到了④A的行動階段了。這時候你或許會覺得怎麼說跳就跳過①～③了，那是因為這三個步驟在他們來現場看屋之前就已經解決了。在手機或電腦上經過了①～③，然後實際動身前往展售中心，這時就算是④採取行動，首次與你見面。在見過面之後他們又會用手機做⑤共享，這就是未來的客戶行為模式。

承上，接下來在第三章我會再解釋關於網頁與SNS的徹底活用攻略以及在跟客戶面對面之前應該先做的功課。**以我公司來說，在跟客戶見面之前幾乎每天都會向客戶發送一些有用的資訊**；即使如此，我還是認為這樣不足，也因此我們在質與量的部分仍在繼續努力。

回到潛在顧客管理，由於潛在顧客還沒簽約、也沒確定會不會簽約，所以光是做顧客管理是不夠充分的。真正該做的，應該是**顧客管理與業務流程管理的雙管齊下**；所謂的業務流程，如果套用在顧客買房子的流程這回事上頭，那就是索取資料、來現場看樣品屋或參與促銷活動、以及實際商談這三個步驟（圖11）。

圖 11 潛在顧客的內在

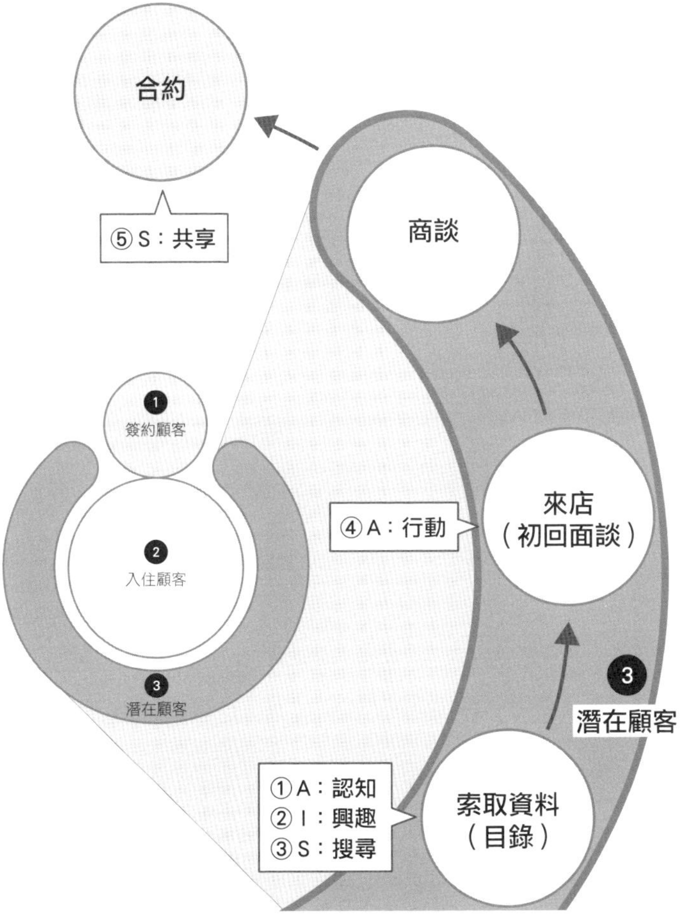
合約
⑤S：共享
商談
1
簽約顧客
2
入住顧客
3
潛在顧客
④A：行動
來店
（初回面談）
3
潛在顧客
①A：認知
②I：興趣
③S：搜尋
索取資料
（目錄）

照理說，你不會在不經詳細商談的狀況下就直接簽約，反過來說，商談這項流程是必須的。至於，怎樣才能走到商談這一步，就得靠一場成功的初回面談（客戶初次前來現場看屋）了。即使客戶願意大老遠跑來現場看樣品屋，看屋的經驗如果不夠讓人滿意，那客戶也不會買帳。

也因此，對於潛在顧客管理最重要的一件事情，即是初回面談（來店）的管理。客戶難得光臨大駕，你當然要追求且提供最高級的招待及令人滿意的購屋支援。至於具體行為，我會在第四章中再行詳細解說。

將顧客管理資料徹底「視覺化」

在此我要重申的是「**顧客管理資料應慎重對待**」。若不能慎重對待手上的資料，就無法確實透過數字掌握客戶的實際狀況，即使做出改善也僅止於表面上的治標而不治本，效果有限。

我自幼從上一代社長那裡聽他說「**數字是不會騙人的**」這句話聽到耳朵都長繭了，再加上IT化的發展，如今重要的資料數字已經可以即時且多方面地呈現現場的實際狀況。

慎重對待資料、用數字進行管理時，最重要的便是將這數字徹底可視化並將盡可能資訊公開化。將資訊公開、正確掌握現狀並進行改善，才算是發揮了其應有的價值。

但要是你只把重點都放在瘋狂輸入資料上頭，而忽視資訊公開並運用它的重要性，那麼大家也不會有興趣協助處理資料輸入的工作。

在我公司，對於曾經向我們拿過資料或是初次來店的客戶，都會用上圖這種方式對公司全體員工進行即時資訊管理（圖12）。

不過，**在管理潛在客戶時，你該做的不光是管理客戶資料，同時還需要併行管理業務窗口的業務流程，這樣才能注意到顧客服務的不足之處，並對這些課題進行改善。**

另外，我還將初回面談與商談的資料做成像下頁的圖表，這些圖表都放在全體員工都可隨時翻閱的地方（圖13）。

圖 12 資料索取次數與新規來店客戶數量的推移

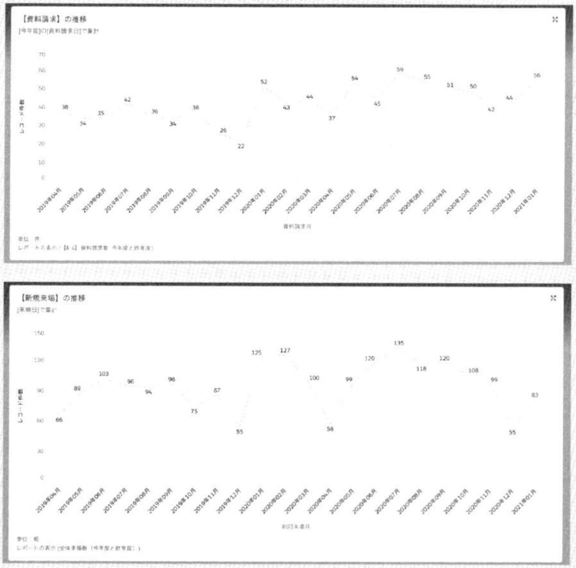

圖 13 業務流程的可視化

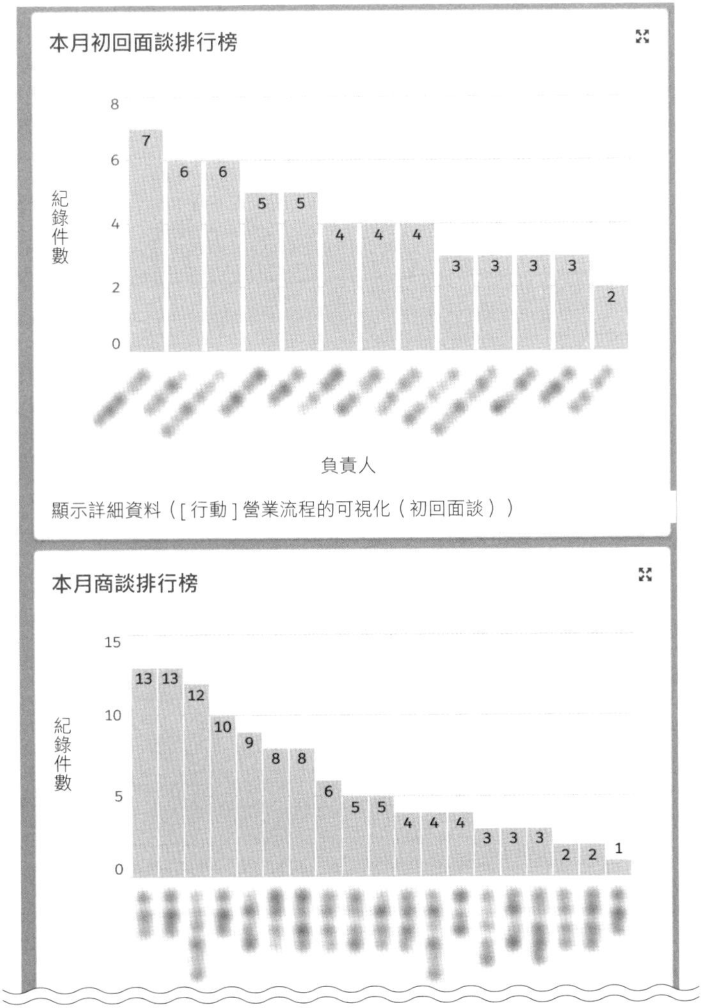

為推行ＤＸ化而採行的逆金字塔組織

在這一章，我已經解釋過為了進行顧客管理，必須徹底活用IT並推行ＤＸ化的必要性。接下來要談的不光是具體該採用什麼樣的方法，同時還有**用什麼樣的人來進行等組織體制面**的具體問題。理想的組織構造圖不光是要能幫顧客買房子蓋房子，同時還要能徹底運用IT進行客戶管理，詳細如下圖（圖14）。

在最上面的是顧客，下面則是其他負責支援輔助的角色；在這裡要注意的是，每個輔助角色不要各自築起高牆，不分業務、設計、工務、窗口這些領域。即使實際從事的工作內容多少有些不同，但**就彼此合作輔助客戶這點而言，大家所扮演的角色都是一樣的**；站在經營者的角度來說，也只有當這點落實後才能清楚看清客戶的全貌。要掌握客戶的資訊，需要全體公司員工彼此合作，並利用IT的力量即時把握實際數字等資料。我們該做的，就是用這種方式去發揮並磨練組織全體的力量。

圖 14 輔助客戶的理想組織圖

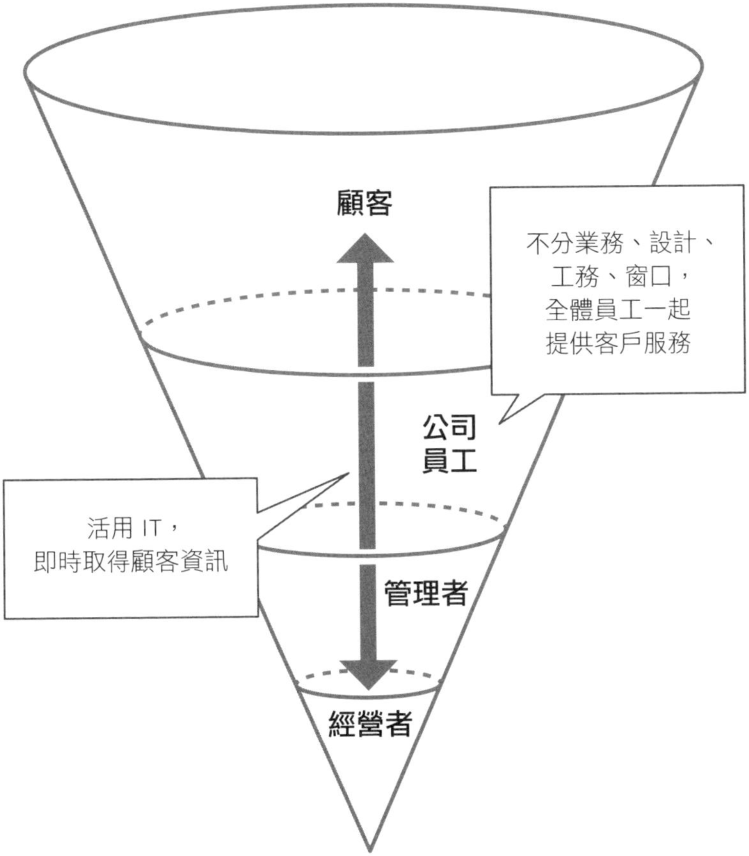

第 3 章

即使用合理價格也能創造利潤的結構

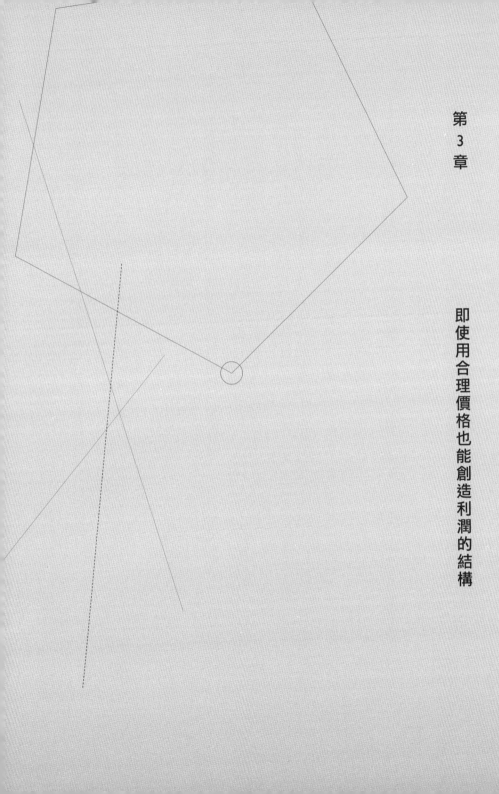

與工務店經營的自然增減現象正面對決

日本國內首席住宅顧問長井克之先生曾說過這麼一段話（《住宅經營成功之鑰》日本住宅新聞社，2004年）：

談到經營，有一點是絕對需要認知的「經營的自然現象」。當你希望一件事情盡量發展的時候，它反而會萎縮；當你希望一件事情完全滅絕，它卻會不斷增長，這就是現實。（引用原文）

這些宛若野火燒不盡，春風吹又生，放著不管就會不停增長的東西；具體來說，就是指**經費支出**、**庫存**、**客訴**、**工期延遲**、**資料來不及輸入**、**修正工程**等等。對經營者來說，這些瑣事跟意外當然是越少越好，最好是一件麻煩事都沒有；尤其是因故造成的施工途中的工程修改，想完全不發生這種事情，那你可是要拚上一輩子去盡力避免的。對於這些不刻意加強管理就會自然增生的項目，那當然就只能「徹底管理」了。

反之，有些事情是你想要它發生卻可遇不可求的。具體而言，就是**業績**、**利潤**、**利率**、**生產性**、**品質**、**口碑**、**技術**等等。

如果你什麼都不做，那這些項目會自動減少；如果你跟不上時代無法隨著潮流前進，那這些項目一定會變少。唯一的對策只有積極嘗試新的事物，「努力創造」這些會自然減少的項目。

說穿了，**與上述自然現象的長期抗戰**其實也就是一邊努力實現以合理價格提供住宅，一邊培養在這前提下仍能創造利潤的組織體質；**對於想極力避免的部分施以「徹底管理」**、**對於想盡可能培養的部分加以「努力創造」**就是這場戰爭的本質。

長井先生對於這種自然現象的成因有著以下的評論（《住宅經營成功之鑰》日本住宅新聞社，2004年）：

自然現象產生的原因，多由於粉飾與因循守舊所導致。如果凡事因循守舊，那就只是過去的延長，處事便會處於惰性且被動。粉飾現實換言之又可稱為「華辭不經」，雖說大多數情況下粉飾現實並非出於惡意，實際上這種行為不光是對自己，甚至會將周圍的人也一起拖入萬劫不復的深淵。（引用原文）

雖然長井先生用自然現象來形容這些事情，但事實上真正的成因都是出在人身上的。

所有的經營者，包含我在內，**都需要定期檢視自己是否做出了粉飾或因循的行為**。在這裡給大家一個簡單的判別方法，那就是**仔細注意自己的「遣詞用字」**。無論過去你有多少豐功偉業，隨著經驗與知識的累積，對事物的第一印象都容易從負面的「但是」、「不對，不是這樣」這種角度開始切入。在不知不覺之間，大多數的人都會變成否定型的性格；隨著年齡增長，經驗也會提升，而那些經年累月堆積起來的經驗有時反而會成為絆腳石，妨礙自己對新事物的接觸。

當你嘗試要改變自己的思考模式，可以從自己用的詞彙開始下手，因為這是你可以改變的第一件事。你使用「這主意挺不錯的！」、「我會想個好的辦法來解決這個問題！」之類的**積極正向詞彙頻率越高，你的意識形態就會越發得到改變。與其期待什麼立地正心改念，不如從改變用詞這種小地方開始改變自己的意識形態**。你不需要唱高調說從今天起要行正道做大事，講什麼虛無飄渺的美辭麗句，只需要具體將可以說出口與不可以說出口的詞彙分清楚，在公司內部宣導並帶動這項風氣，然後自己帶頭注意日常言行即可。

至於如何養成在用合理價格提供住宅的前提下還能獲得利潤的企業體質，則可透過上述自然現象的對策來培養並實現。不出錯、不虧損、不帶累贅，你的企業組織需要能徹底執行以上三項，並徹底利用IT這項工具。**若是無法徹底執行，則意味著你的資料數據化做得不夠完全；**

圖 15 自然增減現象的成因

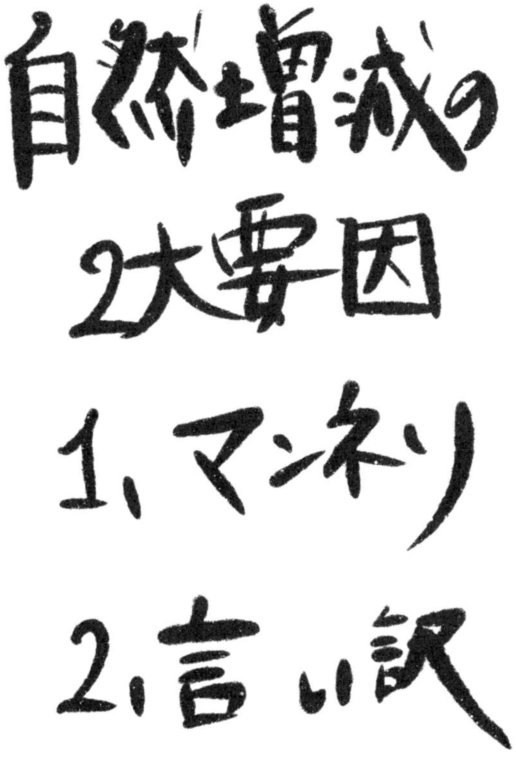

自然增減的兩大要因：1. 因循守舊 2. 粉飾現實

要是你沒能認清現實（分析跟不上實際速度），那就難以採取有效的改善策略。你應該做的是利用IT進行資料數據化，並朝著DX經營這個目標邁進，以對應自然增減現象的潮流。

雖說一般光是聽到資料分析這個詞就會產生冷冰冰的印象，但實現理想所需要的熱情、對客戶以及公司員工的感謝與關愛，便會成為推動你徹底推動資料分析的原動力。相信我，透過IT進行數據化、資料化對所有人來說都是有益的。

要帶來利潤，就需要「標準化」及「平準化」

不管是在2020年的今天還是在將來，能讓大多數顧客感到滿足且愉悅的一定是價格合理的住宅。當然有些高收入的顧客會希望住高價打造的豪宅，但若是從經濟成長以及地區的現況來考量，想要讓大家能夠用跟公寓房租同等級的金額就能獲得安定且安心的居住生活，那價格面勢必需要貼近合理水準才行。

那麼住宅是只要越便宜越好住什麼品質都無所謂嗎？當然也不是，在此所提的住宅品質都需要能達到充分品質、舒適居住這些基本要件，同時在此要件之上還能滿足價格合理這一點的。

在此，我們就要來談談如何**在高品質且價格合理的平衡之外，還要能同時獲得利潤的方法**。

光是說到能帶來利潤的組織構造，這講起來可能感覺有些抽象，那麼就反過來想想**「如何才能創造利潤」，或許你就會有些頭緒了**。

要在合理價格與良質建材這兩者間取得平衡，就需要做到「**標準化**」；只要打從一開始就先確定使用什麼樣的建材與設備，那麼在採購時的成本就可以得到一定程度的節約效果。要是沒有建材標準化，那你每次蓋一棟房子可能都得採購不同的材料；比起每次都下單少量訂購一種材料，大量、定期批入材料鐵定會比單買來得便宜，這是不分業界的常識。在住宅業界也是一樣的。在後面我會另外解釋在哪些材料上做標準化以及其具體事例，希望能給大家做個參考。

其次還有一個重要問題，在建築住宅時最大的成本支出就是人事費用。這人事費用指的就是裝潢師傅以及各種基礎工程當中所有「需要經過專業人士的處理」所帶來的成本。你想壓低成本，那自然會想要請師傅們少收點工錢，但我要告訴你實際上根本不是這麼回事。反之，你**應該抱著盡可能多給師傅們的態度去面對人事成本**，這才是真正的「**平準化**」。

以一整年來看，你在安排工程時絕對不可以讓旺季淡季這種差別發生。**不分時期，一整年都能確保師傅們有工作做，這樣平準化的工作排程可以讓師傅們在年收入層面上獲得實質增長。**

東日本大地震剛過去的那陣子，因為人手不足，有點手藝的師傅那是人人搶著要的當紅炸子雞，工資自然也是水漲船高。換個立場，同樣的一份工作如果會有不同的收入，那我當然會去選錢多的那一邊。也因此，全國的建築師傅們都往災區跑了。

我不否定這種賺快錢的接單方式，可是身為地方工務店，對於這種快錢該賺不該賺，就應知所進退。短期內或許你可以接單快速賺大錢，但長期來看這並沒有意義，工務店的行動方針應該以長期永續生存為大前提才是正確答案。

在我公司內部，**為了不讓師傅們有淡季旺季的差別，對於預定工期的管理特別嚴格。**將一年中的總工程量平均且穩定地分攤是我們的目標。東日本大地震發生後，我大概花了兩年才將自己拚了老命想出來的這種平準化模式給推行下去。首先要建構一年能蓋200棟住宅的施工體制，接下來就是想辦法讓**每年都能穩定建造200棟以上的住宅**。這不是一蹴可及之事，在此我與大家做個分享，希望能給各位地方工務店的經營者做個參考。

「標準化」要如何運用IT？

在談具體內容之，我們先來說文解字一下，好好定義「標準化」這個詞的意思。頂尖住宅顧問長井克之先生曾問過我「標準化究竟是什麼意思」，我先是一愣，接著給了他下面這個答案：

「不論是誰來做都可以做出同樣品質的東西，就是標準化」

長井先生聽了我這個答案之後，給了我一點建議；他的建議實在深得我心，讓我不禁莞爾。

「這樣講是沒錯，但還少了點東西。你這個答案不加上點註解可不行。正確來說，應該要加上『以現行的最佳方法』才對。『在現行的最佳方法之下』，換句話說，就是明年要是你還用同樣的辦法來做這件事情，那可就是落伍的笨蛋了。你必須時時想著要升級你的方法、提升自己的能力，那才是真正的標準化。真正的標準化不該只是劃一式的標準化，這你一定做得到的，加油好好幹吧！」

所謂正確的標準化並不是單純訂下教戰守則，整齊劃一讓任何人來執行都可以做出同樣成果。而是以當下的最佳方法，讓任何人來執行都可以做出同樣效果。如果**只是年年沿用的教**

圖 16 標準化的定義

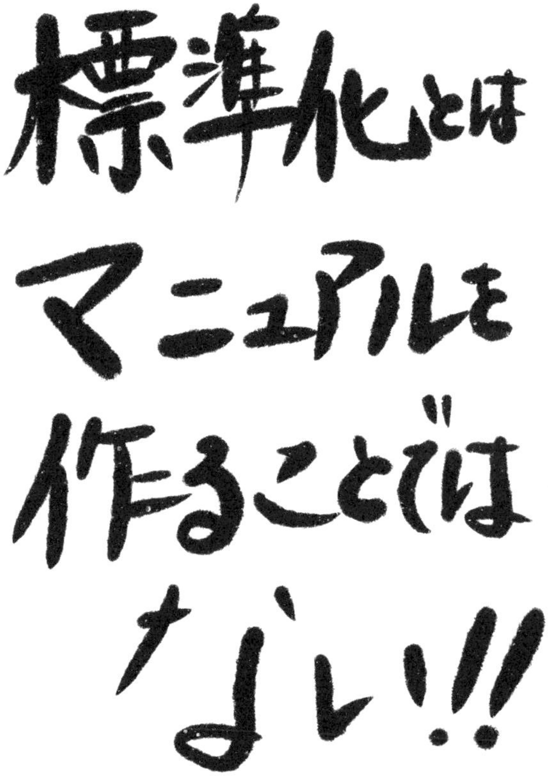

標準化並不是單純製作教戰守則！

戰守則，那還算不上是標準化。真正的標準化，應該是不斷追求「有沒有更好的辦法」才對；能夠理解標準化的真正意圖，將會是你今後經營者人生的重要資產。

要實踐標準化，需與時俱進、時時採取最先進的手段與方法；要做到這點，便非得用到IT不可。當**軟體有更新釋出時馬上跟著更新**，為了讓已經標準化的工作流程**與組織合為一體**，採用IT進行徹底的流程管理。**標準化與IT是互為表裡的，如果說正面是標準化，那麼背面就是用IT做流程管理。**沒了IT，標準化基本是不可能成功的。

將所有住宅全都「標準化」來節省多餘的建築成本

樣式的標準化

為了事先決定要使用的建材，你**需要先制定「標準規格書」**。基礎建材、隔熱材料、屋頂、結構、窗戶、一直到住宅設施，對於你所有會寫入型錄提供給顧客翻閱的東西，你都要分門別類通通訂下標準規格。

做到這個地步全都是為了最初的目的，你要的就是能提供高品質且價格合理的住宅。不過，雖說你已經先訂好了標準規格，當客戶說「我想把這裡改一下」、「我想改用這種材料」的時候並不能完全拒絕客戶的要求；反之，你應該更加積極配合客戶的意願。在這裡你必須了解的一點是，客戶真正的目的在於盡可能不提高成本的前提下，還能夠**打造出自己心目中的理想住宅，這才是客戶真正想要的。**

製作標準規格書的好處有三點：第一點是為了與各家住宅建材製造商進行交涉，因為你若是沒有事先訂好現在的標準規格內容，你要跟建材商做價格交涉什麼的無異是畫餅充飢。第二點是可做為公司內部的內部考核用，對於剛進公司的新人，有這些標準規格書就可以讓他們確實加深對自家商品的知識；另外我們還會出填空題給內部員工做考試，測試他們對產品的認知，成績不理想的會再給他們補考機會。第三點才是做為提供給客戶的詳細資料用途，當顧客開始考慮要買房子的時候，有份簡單扼要的資料在手邊是非常有必要性的。做為參考，我會把我公司的「**標準規格書**」放在後面給大家看看（圖18）。

有時光是文字會讓顧客覺得枯燥乏味，所以我們還準備了一個以方便閱覽為重點的「商品規格簡報」做為配套，隨時準備給顧客看。標準規格書是基本以文字呈現的資料，而商品規格簡報就是以照片為主的統整資料（圖17）。

圖 17 商品規格簡報

◀究極的
zero energy house
極 ZEH 之家
◎◎○○○宅新建工程
PLAN 1

實際商品與印刷內容可能有所出入，請詳細確認樣品內容。

◀ Interior（窗戶）
樹脂窗
No.1
實現世界頂級、
國內 No.1 的
隔熱性能
高隔熱的新境界

隔熱窗品牌 No.1 的
LIXIL 將改變日本的樹脂窗
與現行樹脂窗相比，隔熱性能提升 44%

圖 18-1　標準規格書（第一頁）

■外部規格

項目		規格
外牆	表面處理	窯業系材料 厚 16mm 金屬材固定（KMEW 光 cera） 窯業系材料 厚 16mm 金屬材固定（日吉華 Fuge） 窯業系材料 厚 16mm 金屬材固定（AT WALL PLUS）
	防水、透氣	透濕防水層／外牆透氣工法 透氣層 17 ～ 20mm
屋頂	造型・坡度	造型：單斜型 坡度：2/10 屋簷：600mm（其他：450mm）
	表面處理	電鍍塗裝鋼板 垂直鋪設 0.4mm
	防水	橡膠系瀝青屋面
屋簷內側		植物纖維混凝土板 厚 12mm 塗裝品（日吉華） 屋簷：鋼棚背通風屋簷通風材料 防火（JOTO）
雨水槽		松下 Fine Scare NF-1 型 排水溝：S30
山牆		彩色鍍鋅鋼板反折 0.35mm
陽台	地板	FRP 防水
	欄杆・扶手	鋁製欄杆蓋板 + 條狀欄杆 1 段 + 橫欄 2 段
玄關門廊	地板	磁磚 300mm × 300mm
	天花板	植物纖維混凝土板 厚 12mm 塗裝品（日吉華）
牆腳踢腳板		彈性無機混凝土防護材料 基索 ONE

■外部設備

項目		規格
玄關大門		LIXIL：鋁樹脂複合隔熱玄關門 Glandel 子母門 隔熱規格 K1.5
後門	地板	JOTO：樹脂製台階（內建收納空間）
	檐	LIXIL：鋁製（capia）
	門	LIXIL：樹脂落地窗《Elster － X》
窗扇		LIXIL：樹脂窗框《Elster － X》
玻璃		雙層 Low-E 三層玻璃《玻璃夾層間含氪氣》
紗窗		全面使用可自由開啟的紗窗紗門

衣櫃	廚房	和室	凹間	壁櫥	洗臉脫衣間	廁所
		薄塌塌米	地板	裝飾合板	抗菌地板材	
系列」：MSX/MRX 3P」地板材 3P					朝日 WOODTEC/ANNEX 抗菌材	
	塑膠布（量產型）厚 12.5mm 防火防水 PB 底	塑膠布（量產型）厚 12.5mm PB 底			塑膠布（量產型）厚 12.5mm PB 底	
					厚 9.5mm 防水 PB 底	
		塌塌米邊材	木邊框材	塌塌米邊材	LIXIL：彈性踢腳板	
		可選擇邊材	無指定	無指定	無指定	

極 ZEH 之家 標準規格表

■構造材料

項目			規格	
地基	地基		鋼筋混凝土地基 地基地面露出部分寬度 150mm(外圍 180mm) 基礎厚度：150mm	
	鋼筋		突出部分：D10@200、基礎：D13@200	
	防水工程		防水層（聚乙烯層）厚度 0.15mm	
	換氣工程		地基氣密工法（玄關框周圍、浴室周圍作氣密隔層）	
地板組裝	基礎		105mm x105mm：加壓注入材（梁柱用合板材）金具固定工法	
	地板大樑		突出部分：D10@200、基礎：D13@200	
柱	梁柱		防水層（聚乙烯層）厚度 0.15mm	
	角柱		地基氣密工法（玄關框周圍、浴室周圍作氣密隔層）	
	管柱		105mmx105mm：歐洲雲杉 梁柱用合板材金具固定工法	
梁	1F	桁	105mm × 240mm～360mm	：梁柱用合板材金具固定工法
		梁	105mm × 105mm～360mm	：梁柱用合板材金具固定工法
	2F	桁	105mm × 180mm～240mm	：歐洲雲杉 梁柱用合板材金具固定工法
		梁	105mm × 105mm～240mm	：梁柱用合板材金具固定工法
屋架組	主建築		105mm × 105mm	：梁柱用合板材　金具固定工法
	棟木		105mm × 105mm	：梁柱用合板材　金具固定工法
	隅木・谷木		105mm × 105mm	：梁柱用合板材　金具固定工法
	屋樑		105mm × 105mm	：梁柱用合板材　金具固定工法
合板・面材	地板		28mm	：梁柱用合板材
	屋頂		12mm	：梁柱用合板材
	牆壁		結構承載面材料：大建 Dailite MS 9mm	
抗震裝置			液壓防震阻尼器 evoltz（L220/S042）	

※衛生間周圍地面、外周地面、柱子、立柱、撐桿等距地面 1m 範圍內進行防腐（K3 等級）、防蟻處理。

■隔熱材料

項目		規格
閣樓		聚氨酯噴塗保溫厚度 160mm （耐熱性 4.66 ㎡ .K/W）
1 樓天花板		無指定
牆壁		雙重隔熱（外層 45mm+ 填充隔熱 45mm）：NEOMA ZEUS 合計厚 90mm（熱抵抗值 5 ㎡ K/W）
地板	接觸室外空氣的部分	聚氨酯噴塗保溫厚度 160mm（熱抵抗值 4.66 ㎡ K/W）
	其他部分	酚醛泡沫保溫板 NEOMA FOAM 厚 95mm（熱抵抗值 4.75 ㎡ K/W）

■內部設備

部位	外玄關	玄關	樓梯	大廳	起居室	洋室
地板	300 角磁磚		預裁木質階梯	彩色地板 12mm		
			永大產業「SkismS」階梯	永大產業「SkismS」地板材 3P		
			朝日 WOODTEC「Livenatural」	永大產業「SkismS 朝日 WOODTEC「Natural		
牆壁	塑膠布層 12.5mm PB 底材					
天花板	塑膠布（量產型）					
	厚 9.5PB 底					
表面材料	LIXIL 彈性踢腳板					
天花板邊材	無指定					

圖 18-2　標準規格書（第二頁）

■電氣設備規格

空間		照明器具	電燈配線	出線口	開關	其他
1樓	外玄關	壁燈 ×1	1		1	
	玄關	天花板燈 ×1	1		1	
	門廊	天花板燈 ×2	2 ※1	2口×1	2	2 個 3 路開關
	樓梯	壁燈 ×1	1		2	2 個 3 路開關
	和室	天花板燈 ×1	1	2口×2	1	
	LDK	天花板燈 ×1 吊燈 ×1 （底座燈 ×1）	3	2口×3 アース付2口×2	3	電話配管、電視配管、TV 視訊門鈴 2 個 3 路開關
	後門	防水壁燈 ×1	1		1	
	浴室	天花板燈 ×1	1		1	
	洗手間	天花板燈 ×1	1	2口×1（洗面台） アース付2口×1	1	
	廁所	天花板燈 ×1	1	アース付2口×1	1	
2樓	門廊	天花板燈 ×2	2	2口×1	2	3路スイッチ2ヶ所
	廁所	天花板燈 ×1	1	アース付2口×1	1	
	洋室	天花板燈 ×1	1	2口×2	1	
	書房	天花板燈 ×1	1	2口×1	1	
	WIC	天花板燈 ×1	1		1	
	儲藏室	天花板燈 ×1	1	2口×1	1	
屋外		防水插座 EV 插座		2口×1 1口×1		
對講機		iPhone：帶錄音功能的電視門電話				
火災警報器		各居室用：煙霧感知器（電池式）廚房用：熱感知器（電池式）				
其他		電路盤（16 迴路）幹線引入工程，空調接線 2 處，電視接線 2 處				
太陽能發電		製造商	品名		容量	
		Q Cells	單晶 Q.ANTUM		通過計算計算出所需數量	
HEMS／分電盤		松下 HEMS / AiSEG2（帶 7 寸監控功能）配電板 /Smart Cosmo				
空調		高性能空調 1 台　客廳 5.6kw				
其他設備		稻葉電機產業：智慧型配電盤（每層：Wi-Fi 接口、每個房間的電視、LAN 佈線）				

＊1 根據方案，照明設備和插座可能減為一組
＊2 僅適用於面客廳直通廚房規格。

■包含內容

・室內給排水工程、暫時工程（電、自來水、排水）、窗簾工程、建築確認申請費用、消費稅

■非內含工程

・給水排水主體工程、化糞池工程、室外燃氣工程、地面整治工程
・空調施工（一樓客廳除外），天線施工
・臨時費用，如特殊運輸費用、卸貨費用、泵送費用、材料儲存費用、停車場費用等，視現場情況和進場道路情況而定
・本規範中未記載的其他項目

※注意事項
・根據建築物位置（準防火區域等）區域（寒冷區域等），由於行政指導，可能無法按照規範進行建造。
・根據方案可能無法進行設置。
・為追求改進，有可能在不先行通知的情況下進行工程變更，敬請見諒。

作成	2010年4月
改訂	2018年4月9日

極 ZEH 之家 標準規格表

■精加工等內部特徵

項目		規格			
設備	起居間門	永大產業	Skism S	TS/TD/YS 設計（含玻璃）	高度兩米
	主臥門			FF/TK/YF 設計	
	房間門			FF/TK/YF 設計	
	洗手間門			FF/TK/YF 設計（浴室鎖）	
	廁所門			FF/TK/YF 設計（浴室鎖）	
	衣櫥			摺疊門、雙開門	
	收納・衣櫃			摺疊門、雙開門	
	浴室	鋁製推拉門			
玄關收納		W800mm 二字型 /W800mm 帶長鏡 /W1200mm 帶匚型鏡			
天花板高	1 樓	2,400mm(依據方案廚房可能為 2,360mm)			
	2 樓	2,350mm(換氣設備排氣部分，可能帶下垂式天花板)			

■設備機器規格

項目		規格		
系統廚房	品名	Cleanup Stedia	TAKARA standard Ofelia	LIXIL Richelle SI
	廚房本體	I 型 2550	I 型 2550	I 型 2550
	櫃台	人造大理石	人造大理石	人造大理石
	加熱機器	IH	IH	IH
	抽油煙機	同時吸排	同時吸排	同時吸排
	詳細規格	AIHOME 極 ZEH 之家標準規格	AIHOME 極 ZEH 之家標準規格	AIHOME 極 ZEH 之家標準規格
整體式衛浴	品名	TOTO SAZANA	1616(1 坪)	LIXIL Arise
	浴室本體	1616(1 坪)	I 型 2550	1616(1 坪)暖暖包
	換氣	換氣乾燥暖氣（三乾王）	暖房換氣乾燥機＊附遙控器	換氣乾燥暖氣
	詳細規格	AIHOME 極 ZEH 之家標準規格	AIHOME 極 ZEH 之家標準規格	AIHOME 極 ZEH 之家標準規格
洗面化妝台	品名	TOTO Octave	PANASONIC C-LINE	LIXIL MV
	尺寸	750mm 3 面鏡	750mm/900mm 3 面鏡	750mm 3 面鏡
	詳細規格	AIHOME 極 ZEH 之家標準規格	AIHOME 極 ZEH 之家標準規格	AIHOME 極 ZEH 之家標準規格
廁所	品名（1 樓）	TOTO Z2J 系列	LIXIL Basia	
	1 樓	免治馬桶座	免治馬桶座	
	品名（2 樓）	TOTO CS340	LIXIL Basia	
	2 樓	免治馬桶座	免治馬桶座	
	詳細規格	AIHOME 極 ZEH 之家標準規格	AIHOME 極 ZEH 之家標準規格	
冷熱水給水設備	給水	廚房、洗臉台、浴室、洗衣、廁所、洗腳		
	熱水	廚房、洗臉台、浴室		
熱水設備	熱水器	瓦斯式多重熱水器 Noritz Ecocute Premium Ecocute 370l 全自動		
換氣設備	全屋換氣	全熱交換型第一種換氣系統 備有 IAQ 控制 ＊ PANASONIC		
	局部換氣	廚房、衛浴、廁所、洗臉台		
衛浴設備		洗衣機供水水龍頭、毛巾架、洗衣機底盤 800x640		
地板下收納		高氣密、高隔熱用地板下收納空間 (JOTO)600x600 設置於洗衣更衣間及廚房		
天花板檢查口		天花板檢查口 (JOTO) 設置於最上層管道口附近（如一樓有外擴屋簷則會追加設置）		

提供這些商品規格簡報資料，讓客戶從中做出選擇，然後由業務窗口統整客戶的需求與意願，再向處理訂單的部門轉達需求內容。當然之後要再更改或追加工程都是可以對應的，即使不是跟標準規格完全一樣的東西，只要客戶願意支付價差部分，那麼即使做點小變動也可以讓客戶充分滿意，何樂而不為？我們做為工務店，嚴選建材與設備，並努力制定出標準規格；但在此同時，也千萬不要忘了抱著以客為尊、盡可能滿足客戶的需求的心態。

施工流程的標準化

接著我來講講「**施工說明圖**」吧，不管是哪一部份的工程，你都會需要一張「施工說明圖」當作你施工的參考範本，這樣現場師傅們才知道怎樣發揮自己的本事，並做好充分的事前準備（圖19）。

要是等到完工之後才來跟師傅說「這跟本公司的施工指示相悖，請你重做」，那師傅可受不了，更別說這時候才來重作又會追加各種成本。像這樣注意每個小細節，積少成多之下，就自然會打造出能以低價格施工但又能同時產出利潤的營運模式。

圖 19 施工說明圖

1) 基礎打墨線

· 在地基最高處打上基礎的墨線。
（基礎點由 AIHOME 進行標註）
· 基礎墨線的直角會影響到整棟建築物的邊角，請注意墨線標記必須正確無誤。

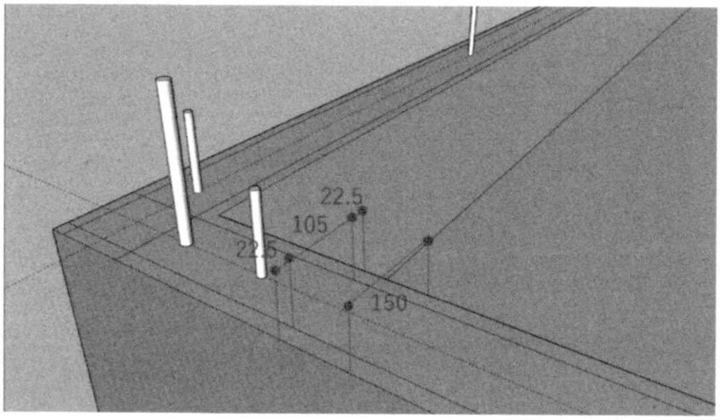

2) 基礎開槽

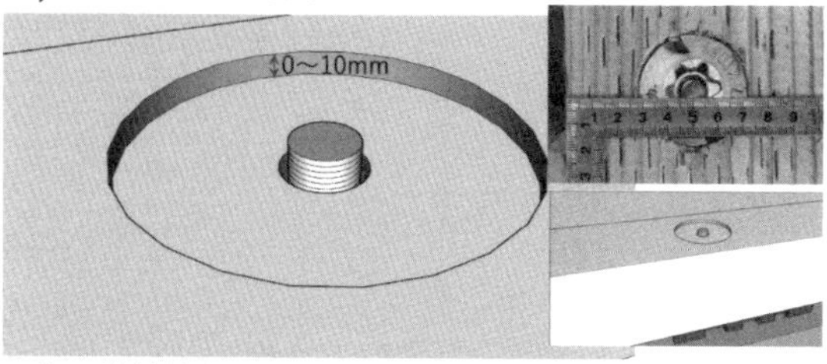

· 依照地基的金屬腳位，在基礎建材上開孔，並開挖凹槽。
· 凹槽深度為 0mm ～ 10mm。
＊依照金屬腳位長度，如有必要可容許凹槽深度至 30mm。
· 如凹槽深度過深，會影響基礎建材的強度。
· 有關地基施工時的金屬腳位突出規格請依規定施工。

◯透過IT來達到工程「平準化」，不讓師傅放空

要打造有利可圖的施工模式，還有一個重點就是工程的「**平準化**」，**我公司對於平準化的目標是在一年當中能穩定保持全公司上下都有活可幹的狀態**。

年頭年尾特別忙，但是到了一月二月這時候卻特別清閒，這是我們應該要避免的狀況。只要能避免這種負面狀態，不但可以減少不必要的成本支出，更重要的是師傅們一年到頭每個月都能保證有工作做，整體來說也可以讓師傅們的收入有所提升。

那麼，究竟要怎樣實現平準化呢？

這時候就該是活用IT的時候了，具體怎麼做就讓我介紹一下我公司的做法吧。

當客戶跟我們簽約後，馬上就會談妥「希望開工月份」；在此先用四月簽約、希望八月開工作例子吧。

既然說了希望八月開工，那麼五月到七月就是要做施工前的準備了。我公司在施工前都要先做好以下準備：**①確定規格（住宅細節的詳談）②構造研討③整理訂單內容④拜地基主⑤地盤調查**等等。因為這些都得配合在客戶休假時才能進行，所以三個月看似很長，其實時間很有限。

在進行以上準備的同時，五月中公司內部便已經舉行「**開工促進會議**」，對未來的工程做先行研討。這是在追求工程平準化時最重要的會議，總公司與各分店用視訊連線召開，總公司這邊會詳細確認八月要開工的現場細節，在開工前所需要做的準備工作都會完全掌握得一清二楚。

在不同的地方蓋房子，當然事前的準備工作也會有所不同。這部分會交由工程經驗豐富的部長去確認每個現場的需求，然後才開始進行開工前的事前準備工作，這樣**即使現場監工的人經驗不夠充分，也能按部就班進行工程。**

透過以上步驟，到了八月開工時，「開工日期要稍微延後幾日」這種事情發生的機率就會小很多。

對於開工延期這件事情，每個相關人員的態度都有所不同；有些人可能會單純覺得「遲了就遲了」，但如果站在設定工期者的立場來看，**他們設定工期時是希望師傅們的行程表永遠不要出現任何一天空白的，為了讓師傅們的工作量穩定，這種想法是可以理解並應受重視的。**

不用砸錢做廣告也能做好宣傳

建築工地就是你的廣告

我認為，你的建築工地應該是你最好的宣傳工具。2019年，我公司雖在「最佳現場競賽」（住宅產業塾主辦）當中獲得了最優秀獎，但我們並不以此為自滿，今後也將繼續堅持下去。而具體將這份熱忱呈現出來的，便是這面「我們的目標是打造宮城縣最乾淨的現場」掛幅（圖20）。因為在追求「現場整潔整齊」這點上，不會有任何人因此吃虧，也不會有人因此受損！

在公司內部，我們將以下這些標語徹底具體實踐在現場作業的每個環節上。

- 給當地居民帶來的負擔降到最小
- 提升住宅品質、減少住宅建築的不必要成本
- 工地現場要隨時隨地都保持在能讓顧客前來參觀的狀態
- 工期盡可能縮短
- 講究施工安全

圖 20 工地現場掛幅也能變成你的宣傳廣告

每個月都要實施現場安全巡察、每年都要找時間召集各家業者舉辦反省大會、還會舉辦大型活動發表隔年的行動方針。建築工程對於工地附近的住戶及鄰里社區都會造成相當大的負擔，我們必須認識到這點並同時盡可能做最大範圍的考量。

把建築工地當成自家宣傳招牌這招雖然不是什麼新把戲，但重點來了，這招的效果則取決於「你究竟能執行到什麼程度」。

究竟你的現場是個能帶來正面宣傳效果的優良工地，還是變成負面宣傳，這都是地方工務店該自行摸索探討的課題。

關於工地現場，我從下面所提到的這些企業以及以前接觸過的業者們身上學到不少，今後也將更加鑽研並活用這些知識，希望能更進一步提升工地現場的水準。

現場改革的指導者惠我良多

〈一般社團法人日本中小建設業CS經營支援機構（kengiken.com）〉

在2011年東日本大地震之後，我為了建構將自家施工能力從100棟提升到200棟的新經營模式，曾受到該機構代表理事本多民治先生相當多的照顧。當時我心裡已經認知到若是要求提升施工件數就可能多少在品質管理上會出點紕漏，但若是不嚴格要求品質管理，則將來總有一天會付出慘痛代價。於是我下定決心，積極從事品質提升以及客戶服務（CS）。在住宅的漏水、凝水對策、現場安全等方面都受了本多先生的指導，並加以推行改革。在《好住宅，看工地現場就知道！》（文藝社，2016年）這本書當中集結了全國各地優良工務店的努力結晶，書中網羅了現場指導的各項重點。

〈住宅產業塾（www.jyutakujuku.com）〉

這是由首席住宅顧問長井克之先生擔任代表理事、專門指導工務店的組織，對工務店本質

圖 21 獲得「最佳現場競賽」最優秀獎

的指導內容，有許多重點是無論過了多少年依然通用的真理。

透過參加住宅產業塾主辦的「最佳現場競賽」（圖21），我開始有了「想要打造宮城縣最整齊有序的工地現場」這個念頭。

在得了獎之後，我出於想要跟其他第二代工務店經營者一起較量一下的動機，再加上我仍持續參加住宅產業塾所舉辦的線上課程，所以直到現在，我也一直受長井先生的薰陶。

透過 SNS 走進智慧型手機的世界

當思考自家工務店的利潤到底消失

到哪去了的時候，總會不禁注意到投注在廣告宣傳費的開支。明明這年頭已經沒多少人在看報紙了，工務店卻還是投入資金做傳單在報紙上買版面投廣告，結果工務店的利潤就這樣變成印刷費、紙張成本消失掉了。

之前在第一章當中我已經陳述過，未來的購屋客戶不是靠著報紙，而是靠著智慧型手機在挑房子的。過去那種夾在報紙當中的小張房屋廣告，現在你連報刊都已經很難看到；**要是自家網頁或 SNS 無法在智慧型手機閱覽，根本誰都不會注意到你的存在。**確實，去做一件至今為止從來沒嘗試過的事情，任誰都會覺得困難；重要的是，孜孜矻矻，不計成本，持續做下去就對了。

徹底活用 SNS 是我公司的方針，SNS 是 Social Network Service 的縮寫，舉幾個具體例子，像是FB（Facebook）、IG（Instagram）等等。如果今天我用公司帳號在IG上面發了一篇文，那這個內容也會自動串聯投稿到FB上面。

如果你現在還沒有在手機上裝FB或IG的APP，我強烈建議你現在就去下載。下載完安裝好，馬上登進去看看其他公司是怎麼經營他們的帳號，如果有值得效法的地方二話不說直接學起來。其他工務店的帳號隨便搜尋一下就找得到，而且一看就知道他們是怎麼做的，所以要模仿絕對不是難事。我就舉兩間擅長運用 SNS 的工務店來給大家參考一下：

- tomio（www.insagram.com/tomio_official/channel）

粉絲十萬人（2020年12月時），他們透過這廣大粉絲群，在當地舉辦大規模市集活動，與客戶密切接觸。不光是照片，他們也會用 IGTV（Instagram 的拍片 APP）拍影片持續與大家互動。

- STYLE HOUSE（www.instagram.com/stylehouse_taniue）

粉絲兩萬九千人（2020年12月時），發文次數超過兩千篇，光是從這個發文數就可以看得出他們有多努力經營。

最後還是靠網頁拚高下

除了建築工地、SNS 之外，最後要講的就是 Home Page（網頁）了。

在講網頁之前，要先問各位一個問題：

「你是否每天都會看自己公司的網頁？」

之所以這麼問，是要確認**「你的公司網頁是否全都扔給網頁設計公司去打理」**，照我的作法，我每天都會做以下幾件事情。

- 每天打開自己公司的網頁確認內容（要用手機看！）
- 每個月確認自己公司網頁的流量以及特定頁面的流量
- 每天跟協力廠商討論自家網頁的更新與改善方案

以上流程我天天照三餐在做，前面已經說過很多次了，現在的客戶是用手機在看你的網頁的，如果在手機上看你的網頁覺得沒亮點的話，他們只會轉頭走人。別以為他們只是滑滑網頁、點一下右上角叉叉關閉視窗而已，這種行為實際上是讓原本對你公司有興趣的客戶因為智慧型手機的小小畫面而就此失之交臂，而這整個過程**僅僅只有三秒鐘，就決定了客戶跟你的緣分。**

就像這個樣子，希望大家能理解就在你不知不覺之間，客戶可能正一個接一個地跟你說再見。而這種狀況絕非你可以隔岸觀火的，要想著自己會不會是下一個因此受損的對象。**在這個瞬間，你應該做的是認真改善你的公司網頁，要能抓住客戶的胃口、提供他們想要的資訊。**

另外，說到客戶主要透過智慧型手機來瀏覽網頁，那你就不可忽略用手機看網頁時，**你的公**

圖 22 由智慧型手機閱覽的讀取速度提升

（更新前的頁面）

（更新後的頁面）

這個數字是將客戶體驗的結果數據化，數字越大越優秀。要是頁面讀取速度太慢，那便會讓客戶多花時間等待；舉個例子，就像是「點了拉麵之後多久才會上桌」那樣的感覺。若是客戶體驗的分數較高，那麼在 Google 上的評價就會提升、也較為容易出現在搜尋結果前段。

司網頁是否需樣讀取很長一段時間這一點。我的公司網頁在2020年11月重新開張，目的就是為了提供給智慧型手機使用者更佳的瀏覽體驗，在更新過後，網頁的讀取速度有了明顯的改善（圖22）。

有項工具叫做 Google Pagespeed Insights，你可以利用他免費解析手機速度，歡迎用這項工具對自己的網頁做個評比，然後跟我公司的分數比較一下。至於如何讓自己的網頁速度提升，這就是比較專門的領域了，我在此不多做討論。在此僅讓大家知道如何判斷自己的公司網頁優劣程度，以及提供個測試方法而已。

若你有意更進一步了解如何改善網頁速度，我會在文末留下電子郵件信箱，還請來函詢問。我非常歡迎有人願意跟我一起切磋琢磨。

逆向思考全壘打，不蓋樣品屋

一般準備談自建住宅的顧客，通常會先前往綜合展示場看樣品屋，但在我公司，我們是不會在綜合展示場蓋樣品屋的。

為什麼不這麼做？因為在綜合展示場擺攤蓋樣品屋，都是要**初期成本**的；再加上你蓋完房子擺在展示場裡**每個月還要再付場地費等固定支出**。我們不做這些事情，就是為了把這部分的支出給省下來，然後**把這部分的成本轉化成優惠回饋到客戶身上**。

說起來，綜合展示場的目的在於攬客，你只要跑一趟綜合展示場就可以看到許多不同建商設計的樣品屋，所以對顧客來說到綜合展示場看房子自然比跟建商單獨交涉來得省事許多。在宮城縣，大部分的綜合展示場都是電視台或報社所持有、營運，只要稍加觀察就會發現這些展示場裡的樣品屋大多都是電視廣告上那些漂亮而昂貴的建商所建造的。

站在地方工務店的立場，若要以合理價格提供住宅，那在綜合展示場租攤位做宣傳的意義著實不算太大。

反之，我們應該做的是做好自己的本分，兢兢業業地努力、憑自己的實力招來顧客。

我們都是在自己的店面附近蓋自家的樣品屋展示場，為了讓客戶每次來店都能多逛一下、多做比較，展示場都蓋了兩到三間樣品屋，讓客戶盡量有多一點選擇。而樣品屋的內外裝要盡可能讓客戶能透過這些樣品屋自然想像實際居住的感覺，當顧客看著實體屋、腦海中不斷浮現各種想像，這樣自然就能打造出更貼近理想、更完美的居住生活。

標竿管理是長期成長的關鍵

實踐**標竿管理**，不管是對顧客、還是對工務店來說，都是有正面價值的。

所謂標竿管理，就是指對同業其他公司或其他領域的優秀管理方法進行分析，並將其長處吸收轉為己用；用更白話的方式來說，就是**模仿**。

用運動做比方最為簡單明瞭；比如橄欖球、棒球、足球等等，不論是哪種運動，去模仿一流選手的行動是理所當然的事情。你看一流選手平常都做什麼，自己就跟著做什麼，當這套行為自然而然融入自己的習慣當中之後，你的表現也會自然有所提升。好比說你今天有哪個方面不擅長的，那就去找擅長這方面的選手並且加以揣摩借鏡，徹底分析他的一切。當你分析完他的行動、模仿並理解其中的道理之後，那你就可以衍生出一套自己特有的對策。當然在運動方面受限於每個人的體能、身材差異，你不太可能完全照抄另一個人的方法，但基本上**以流程來說就是「分析↓模仿」，所謂的標竿管理，講穿了就是這麼回事**。

如果套到工務店頭上來說，那麼**對標竿管理所做出的努力也就是將眼光放到全國所有的工務店上頭，積極吸取同業的優良管理模式或者是自家沒有的技術、知識，再加以模仿**。如果你光是獲取了別人的知識，那還是不夠充分的；你必須加以實踐、磨練，並且甚至要能夠將你從其他人那邊學到的東西加以改良後再提供給他人學習改進。這也就是我寫這本書真正的目的所在，你必須有著受人點滴當思湧泉以報的心；至今我一直抱著這樣的心態，今後我也將持續如此實踐標竿管理。

要說2019年哪家企業最具創新前瞻性，那必定非中國的「美團點評」莫屬。他們的經營哲學就是標竿管理，換句話說，就是抄。但若是你一開始就抱著「我已經沒啥好學的了」的高傲態度踏入市場，那便是你衰敗的第一步；你該做的不光是要放眼同業，還要從其他業界身上找亮點，徹底實踐標竿管理。

這部分也算是寫給我自己看的，如果你在參照其他廠商的時候只覺得「喔，就是這麼回事啊」，腦袋裡覺得自己了解而不放在心上，那便是單純在浪費時間。這一點你千萬不可忘記，**所謂標竿管理並不是去參考去模仿其他企業就叫做標竿管理，真正的標竿管理，指的是你將看到聽到的東西加以實踐借鏡**。你去參觀其他企業的目的，在於學習效仿，並且加以超越。

和大家分享一下我個人也採行的「標竿管理的實踐清單」，我都會定期確認這份清單的內容，確認「下次我要向這家企業學習他們的某項特定方法」，透過實踐標竿管理，長遠下來等於是變相地切磋實力並改良彼此的內部管理方式（圖23）。

圖 23 標竿管理實踐清單

	定期反省事項	重要指標
	顧客滿意度有提升嗎？	非常滿足的件數
	顧客的介紹數有提升嗎？	轉介來店顧客的數量
	是否有充分進行客訴分析？	客訴發生件數
	是否有充分進行掉單原因分析？	掉單件數與內容
	業務的生產性是否有提升？	初回面談件數、商談件數
	現場是否夠乾淨？	垃圾數量
	工期是否確實如期進行？	確實如期進行的件數
	交屋之前是否沒有發生任何待辦事項、修正工程？	完美交屋件數
	是否有努力試圖讓工期縮短？	平均工期日數
	是否有徹底進行工程別、工種別品質管理？	檢查報告提交率
	完成的圖面與實際的完全規格之間是否有確實銜接？	施工前提交件數
	交屋後定檢的頻率與實際進行狀況	實施頻率

第 4 章

用低成本就能吸引最大效果的網路來客！前所未聞的 SNS 徵才！

發揮地區、鄉下工務店特有的專長！

若是要將提供住宅的企業分為三大類，那大概可以分為什麼都包的「大型建商」、專門營建販賣的「powerbuilder」（譯者注：powerbuilder 為日文自創詞彙，指建造並販賣住宅（基本不經營分租）的全國性建商），以及「工務店」這三種。我喜歡工務店，像我公司這樣一年蓋超過一百棟房子的住宅建築公司又被稱為「地區建商」，但就我個人而言我比較喜歡以工務店自居。

我喜歡「**以小搏大**」的劇情，2019年世界杯橄欖球錦標賽打進全八強的日本橄欖球隊以他們精幹的身材正面硬撼高大的隊伍，這就是最標準的以小搏大。

跟「大型建商」、「powerbuilder」相較之下，工務店就是小規模、資源少的小蝦米；可是我認為，就是這個資源短少才正是工務店的優勢。工務店最大的優勢，就在於**有限的資源與特定的服務範圍；與大型建商不同，我們這種小工務店可以將手上的資源集中起來全部投入小範圍區域當中。**而且，即使只能投入少數人手，長期來說我們也可以讓這部分人力一直集中在同一個現場，這種戰術是大型建商玩不起的。

大公司（的職員）可能會依照公司指派定期輪調，那他們如果人在某個現場時或許還可以期待他們努力工作，但你要期待他們在工作時**考慮到這個地區五十年、一百年後的發展並以這個方針下去做事**，那基本上是不太可能的。我相信，你必須要在特定區域生根、跟顧客密切互動、努力博取彼此的信任，這樣才能建造、提供客戶心目中真正想要的住宅。

在本章的前半部分，我會解釋地方工務店該如何運用網路進行招攬顧客。舉我這邊的具體數據為例，2019年一整年我們收到了444件資料索取申請，七間分店共計全年度有115組新客戶來店件數。2020年上半期即使受到了新冠肺炎疫情影響，資料索取申請的件數仍較去年多出了137%，共計有301件資料索取申請；新規來店件數比去年多出119%，共計650組新客戶來店。在這當中我們並沒登報、沒打電視廣告、沒參與展場活動、沒在綜合展示場蓋樣品屋，一切都只靠徹底活用我們公司的網頁進行宣傳。

網頁最重要的就是新鮮與精確程度！

十年前，2011年，是我進公司的第一年，當時有個公司建立了一個內部組織叫做「網頁委員會」，目的在於「利用網頁進行攬客」。

顧名思義，這個內部小團隊的目的在於「改善公司網頁」；我還記得當時的資料中請件數大概只有現在的十分之一，而前任社長，我的父親（現任董事長）有他的先見之明。他將包括我在內的年輕員工投入新的領域，積極嘗試改變傳統組織型態。前任社長常說**「維持現狀就等於衰退」、「不是只有強者才能生存下去，而是能順應時代變化的人才能生存」、「衝衝衝」、「積極正面思考」**，開口絕對不使用、也不讓人提起禁忌字眼（負面詞彙），打心底就是滿滿的正能量詞彙。

話說回網頁上頭，我想說的是，我認為公司的組織體制應該要重組成能夠強化、改善網頁的體制。現在每個月連上我公司網頁的點閱數超過一萬五千件，甚至有些客人是為了看我公司員工寫的部落格而持續關注我們。

網頁委員會的基本理念是**「新鮮度、精確、快速」**，在這當中又以「新鮮」與「精確」最為重要；比如說，一周前的資訊，都算是太過時的。**每一天，你的員工努力將自家公司的資訊向外推送，這份不間斷的努力就會化為你的點閱數字。**「新鮮與精確的重要性」不論是在2011年還是2021年，其重要性都不可動搖。

圖 24 做網頁最重要的事

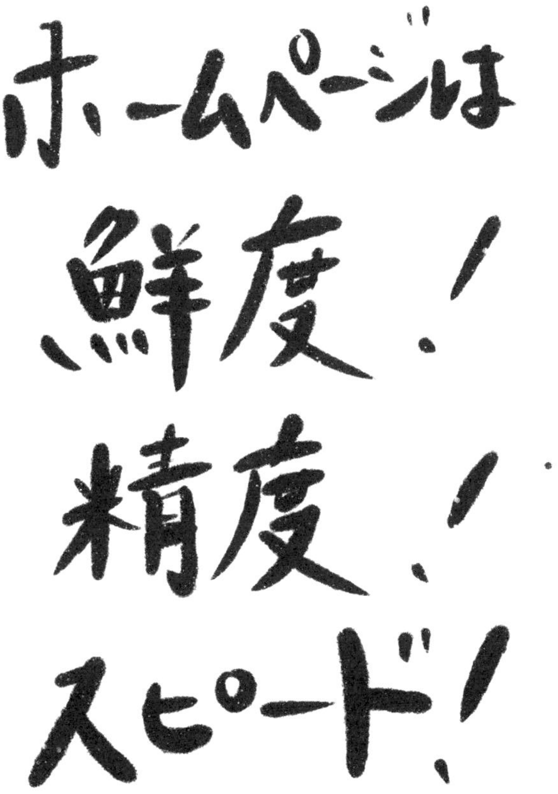

網頁講究的就是新鮮、精確、快速！

跟十年前相比，現在幾乎不談加班，每年 96 天的假日變成了 120 日，公司員工的工作環境有了極大轉變。不過不論員工的周遭有什麼樣的變遷，唯有公司的網頁還是 24 小時在線上不會變的。

當公司全體員工都開始寫部落格，就能帶動世界改變

顧客在選購設計住宅時的其中一項指標，是承包並負責建造自家住宅的「人」本身。**要是你知道是誰來負責蓋你家的房子、又是些什麼樣的人來負責蓋你的房子，那麼彼此的溝通就會順暢許多。**用大家身邊的例子來借位思考一下吧，在你常去的店家裡有沒有哪個店員是你特別中意且打從心底希望他繼續在那家店做下去的？簡單來說就是這麼回事。

十年前開始，我開始鼓勵員工動手寫員工部落格，以「實名制的住宅建構」為主打，現在全公司員工通通都在寫部落格。更甚之，我要求設計、工務、會計等跟建築沒有直接關連部門的員工也需要將日常發生的大小事情寫進部落格。

這麼做的重點不在於比較文筆好壞，而是在於**讓客戶理解員工「是什麼樣的人」，讓每個員**

工在客戶心中留下一個基本的人物雛形才是我的目的。

我個人就好幾次聽到客戶對我說「我有在看你們的部落格」，即使我啥都還沒沒說，客戶也能對我有基本理解，這點令我非常驚訝。人際關係始於展露自我，這是我在持續寫部落格時注意到的事情。

我**花了十年，更新部落格不下千次**，持續更新部落格這件事本身的價值之大，令我決心今後也要持之以恆。那麼，為什麼我公司的員工會有這麼多人願意配合更新部落格，這背後有幾個理由，且讓我慢慢說明。

第一個理由，**門檻夠低**；如果你在部落格裡只打算寫建築寫蓋房子的相關內容，那就很難持續寫下去。門檻要放低，重要的是「寫什麼都可以」，真的，寫什麼都可以。要是你設下「這個不能寫」、「應該寫那個」這類規則，那你規則越多，你就越難下筆。最重要的是你要將自己身上發生的事情用自己的文筆、用自己的照片、用自己拍的短片傳達出去。

第二個理由，**寫部落格這件事情要有些外部動機**。比如說，你可以偶爾舉辦個部落格大賽之類的；我以前也曾模仿夏季甲子園球賽，舉辦過「部落格甲子園」這種活動。

讓大家比誰更新部落格的次數最多、贏的那一方給他們獎勵。我自己也曾在這項比賽中得過優勝，與眾人一起乾杯慶祝也是個美好回憶。

圖 25 部落格點閱數的具體數據

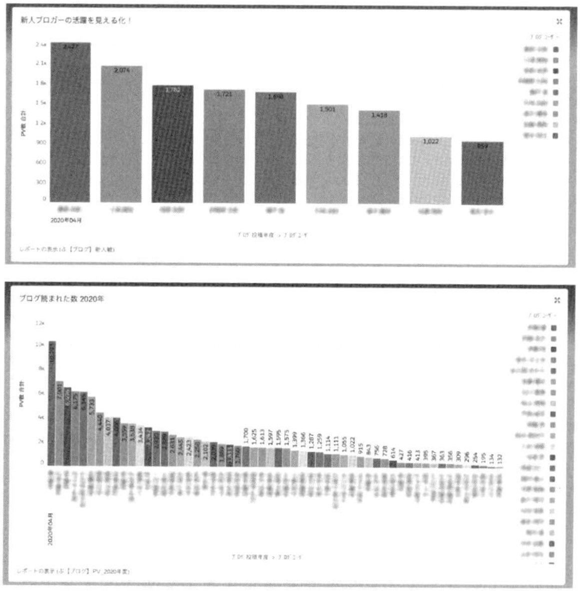

第三個理由，計算部落格的點閱數並將這資料轉為具體可視化的資料。簡單來說，就是把「有多少人看自己部落格」的次數變成簡單明瞭的數字。

只要覺得「我的部落格還是有人在看的」，那就能刺激出讓自己繼續寫下去的動力。我們用來分析WEB網頁資料的工具軟體是Google Analytics，並將資料做成圖表。這數字不是用於管理，你可以把它當成是玩遊戲的積分來看待，這樣會更有樂趣（圖25）。

2021年1月舉行的「新春部落格大賽」當中，我讓公司員工全員都寫了部落格。其實，即使是像我公司這樣推行員工部落格活動的企業，也不是所有員工都真的願意投入在這項活動上頭。另一方面，不光是對現職員工推行部落格活動，我也讓4月預定入職的新進員工寫「新人部落格」。

第一次體驗過「**全體員工共同寫部落格**」這種狀態後，我覺得世界整個變了。這種團結意識實在太棒了！我這輩子從沒感受過像這樣的團結情感，包含預定入職的新進員工，只要**將近80名的AIHOME成員都能團結起來，我堅信肺炎什麼的逆境根本不足為懼。**

除此之外，我也試著推行了各種促進大家更新部落格的活動；我認為「**撰寫部落格是新世代的新形態業務活動**」，並且身為社長的我也積極更新自己的部落格。即使不按時更新其實也不會招致客訴或怎麼樣，但對我來說寫部落格長久累積下去可以為顧客帶來更多價值，這點我至今仍深信不疑。

由「喜歡動筆寫東西」的人引領風潮，帶著其他人一起來想「部落格要怎麼寫」，不需要把事情搞得太嚴肅。

圖 26 員工部落格持之以恆的決心

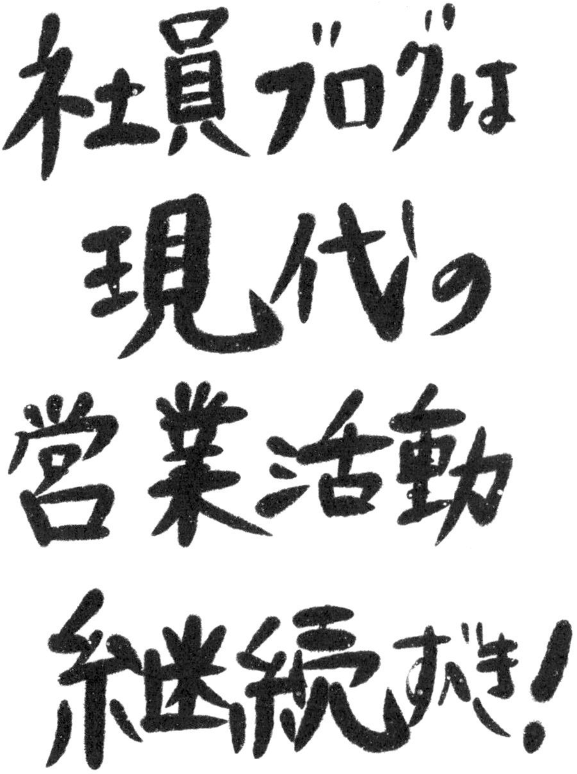

員工部落格是現代業務工作的一部分，應該繼續維持！

我們要的，是透過員工寫的部落格來實現顧客滿足感；或許就算我講了這麼多還是不太會有公司跟進，但我公司是肯定會繼續做下去，而且是沒有理由放棄的。**我如果是顧客，我絕對不會選擇沒有員工部落格的工務店來蓋我的房子。**也因此，我身為工務店經營者，今後也將堅持我的經營之道（圖26）。

隨著智慧型手機的普及，部落格的內容也產生了相當大的轉變；從以前「**單純只有文字陳述**」的內容，變成「**有照片、有影片的部落格**」。手上有支智慧型手機，意味著你可以隨時隨地拍照、拍短片，所以，你的部落格應該盡可能圖文並茂，這部分我留到「動畫化」的章節當中再跟你詳細說明。

光是寫文章沒人看，接下來是短片的時代

法人或企業網站的頁面當中經常會有「公司沿革」或「本公司的特徵」之類的頁面，點進去會看到像年表一樣的時間軸，然後用長篇文章描述該公司的特徵。

很遺憾，我得老實說，像這樣的文章內容幾乎可說是不會有任何顧客有興趣點進去看的。別

的不說，就連我公司的網頁也是這樣；即使是絞盡腦汁編織出的文字，只要對訪客來說第一印象覺得不方便閱讀，那你不管堆砌了再多的美辭麗句也是枉然。

反過來說，來個逆向思考，**只要寫成方便閱讀的格式，那就容易被訪客看見了。**要想讓顧客看見你想表達的意見，那就得在呈現方式上下工夫。

「這間公司是做什麼的？」、「這間公司的特徵是什麼？」對於抱著這些疑問的顧客，不妨試試看放支短片如何？在我公司，我們很早就做了這種嘗試。

當公司員工將「公司沿革」、「公司特徵」做成短片之後，我們看到了驚人的結果。原本根本沒人會點進來看的「公司沿革」，在做成短片之後居然就有了兩百次點閱！以前沒有短片的時候一點進「公司沿革」馬上就跳出去的比率有97％，幾乎所有人在看到「公司沿革」這個頁面的時候都會覺得「這頁面的內容跟我無關、沒有看下去的價值」，看也不看馬上就點去看其他頁面。也就是說，透過短片，讓頁面內容傳達出去的機率暴增了。

再來看看**平均播放率，這數字有67％，換句話說，也就是短片內容幾乎都有被確實播放。**用YouTube的術語來說，所謂的「平均播放率」指的是短片被播放片段的平均比例。比如說，有兩個人都點了一段20秒的短片，然後各看了10秒；這時候這個短片的平均播放率就是50％。而以一般來說，只要平均播放率有40％就算及格了。

圖 27 做成短片，點閱數暴增！

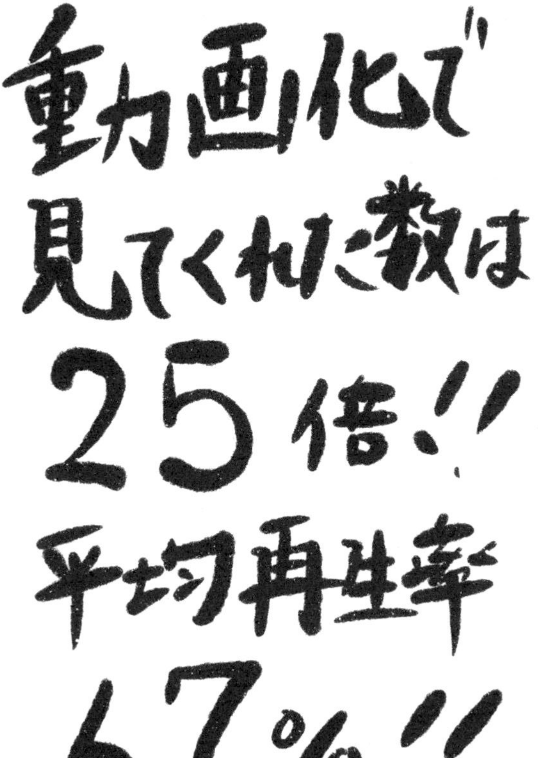
動画化で
見てくれた数は
25倍!!
平均再生率
67%!!

做成短片，點閱數 25 倍！！平均播放率 67%！！

看到這裡，你或許會覺得「喔，拍成短片就有人看了對嗎！」那再讓我說一句吧，在這年頭，拍片上傳不再需要砸一段影片五十萬日幣之類的天價，你可以用廉價的成本輕鬆完成這項作業。我公司用於宣傳的短片全都是公司內部員工自己拍攝自己剪片上傳的，今後我也會持續推行影片宣傳這項手段，也歡迎大家在自己的網頁中多多嘗試這項工具。

做為參考，我來介紹一下本公司目前使用的影像編輯軟體。

Final Cut Pro X

這是美國 Apple 蘋果公司自行開發的影片編輯 APP，價格也不太貴，預算在日幣五萬元以內就能搞定。這個 APP 可是連專業的影像編輯都愛用，影像編輯所需要的必備功能應有盡有。我自己試過這個 APP，覺得這個軟體非常容易上手、方便操作。簡單來說，只要用 iPhone 拍短片，然後把影像轉到 Mac 上再做編輯就可以了。

我公司的員工喜多是公司內部的 YouTube 負責人，幾乎所有的影片都是由他編輯。在我公司網頁上累積超過 126 萬次點閱、有 2600 個讚的「除草短片」也是用這個 APP 在公司內做編輯的。希望能給各位做個參考（圖28）。

圖 28 Final Cut Pro X 製作的短片

庭院中的小撇步

▲雜草的種類與拔草方法的解說

▲問荊的特性與各種案例對策詳解

▲使用顆粒狀除草劑「卡索隆」驅除問荊

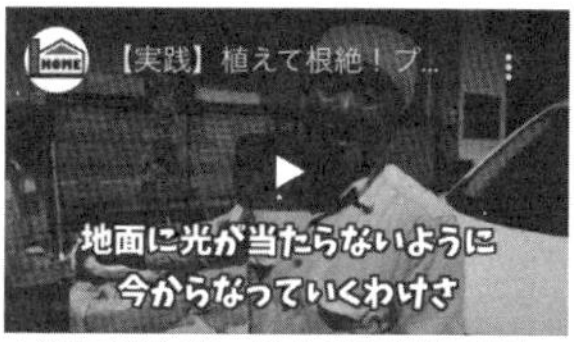

▲造園並除草，逆向思考的除草法

iMovie

這個也是由美國 Apple 公司所開發的動畫編輯軟體，而且是免費軟體。與 Final Cut Pro X 相較之下功能顯得陽春許多，但即使功能再多你不會用也沒意義，所以對於入門者我會建議先從這款開始下手。

目前我公司是這樣分的，如果是公司內部用的影片，就用 iMovie 做剪接，如果是做給對外公開的影片，那就用 Final Cut Pro X；依照使用用途以及編輯所需的時間分配等因素來選擇使用的軟體。

圖 29 用 VYOND 做出來的影片

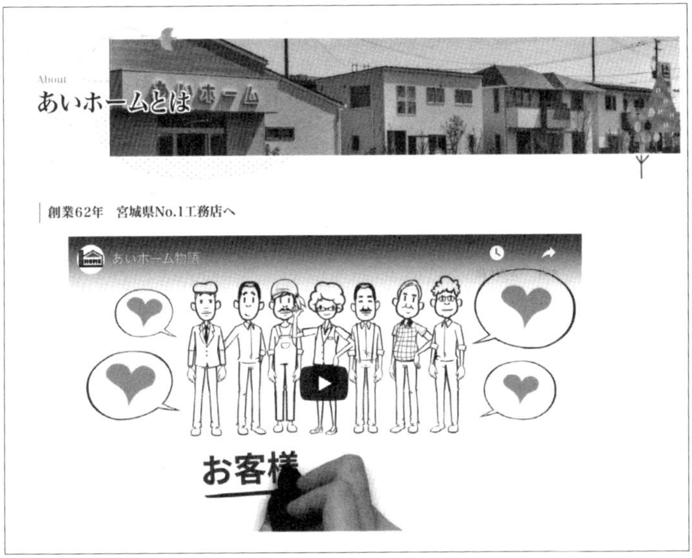

AIHOME 是一間⋯
創業 62 年，目標是成為宮城縣 No.1 的工務店

對於過去的歷史等「無法單純以攝影呈現」的形象，使用動畫影片來處理是一種有效的方法。動畫影片可以讓點閱者理解「故事」、「歷史」，對於完全沒有事前認知的人來說簡單易懂。動畫影片不但可從智慧型手機觀看，也可以放到大螢幕上撥放，目前我公司內部每個月至少會製作五部動畫影片。

VYOND

VYOND 是製作動畫用的軟體，使用動畫的好處在於你可以省掉拍攝影片的麻煩。如果是拍影片的話，你不可能沒有攝影這項工序，但若是使用動畫，則完全沒有這道工序跟成本。我公司的公司沿革動畫（youtu.be/V6_DZirVy7w）就是用這個軟體做出來的，歡迎大家參考一下（圖 29）。此外，動畫不光是放 YouTube，你也可以試試看 Vimeo（vimeo.com/jp）這個付費動畫放流平台，用這平台的好處是你可以投放高畫質且不帶廣告的動畫。

就如我說的，現在要做影片做動畫所需的成本低得驚人，任何企業裡頭都一定會有那麼一個兩個擅長做這些事、或者是稍微培養一下就越來越在行的員工，為了今後能用影片來做企業宣傳，做這些投資是應該的。

用 Instagram 面試徵才，錄取八人！

在這邊我有個好消息要給各家正準備要招募新人的工務店，我公司在新冠肺炎猖獗的這段期間，幾乎不花什麼成本就招到了與本公司相當契合的應屆畢業生。

我們在 Instagram 跟 YouTube 上頭召集了一百名學生，並且在最後選出了八人做為今年招募進公司的新進員工。原本是預定在2021年4月才正式進公司，但這八個人當中沒有任何人辭退我公司的 offer，而且這八人當中甚至還有人是**在校時就已經取得了不動產經紀人執照。**用低成本招到這麼優秀的新人真是讓我感動不已，我已經等不及要跟這些新員工一起共事了。

那麼，接著我就來說明一下這背後究竟是怎麼一回事吧。

2020年3月，肺炎疫情正在擴大，所有對各級學校的招募活動通通被迫中止。我為了跟青年學子完全沒有機會接觸這事情傷腦筋，當我跟公司的新人招募小組談起這件事的時候，我突然冒出一個念頭：

「用 Instagram 與 YouTube 開直播吧，現在學生們一定也都在自己家裡試著找工作才對。」

我永遠忘不了那個日子，那天是2020年3月26日，心想擇日不如撞日，於是當天就開始每天開直播。

每天錄製10分鐘左右的直播影片，提供「思考方向」與「求職活動的經驗談」給正在準備求職活動的學生做為參考（圖31）。

圖 30 透過 Instagram 進行劃時代的應屆生招募活動

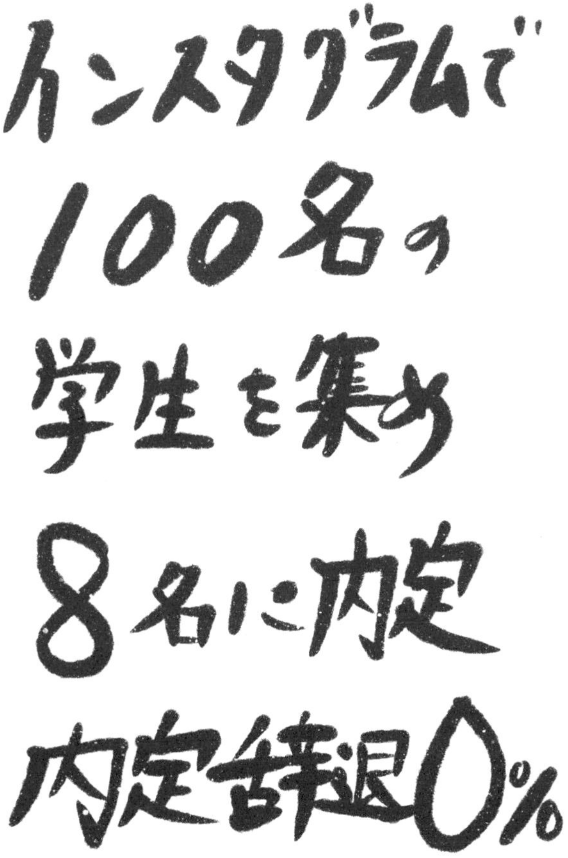
インスタグラムで
100名の
学生を集め
8名に内定
内定辞退0%

用 Instagram 招募 100 人，其中 8 人錄取、offer 辭退 0%

圖 31 每天在 YouTube 開實況

如果你只是單純開直播，那點閱率自然不能期待，所以我都是在 Instagram 上找宮城縣內的大學四年級學生帳號，找到之後點「跟隨」或是點「讚」。這個做法就像是在網路上參加求職活動的感覺，一步步擴大自己的圈子。雖然進步非常緩慢，但總還是有越來越多人看見我們；每天注意到有更多人對我們投入關注，很有成長的實感。

而且**我們還製作了「線上公司說明會」的影片，希望看我們直播的人來參加（點閱）**。令人驚訝的是在影片公開直播的時候有 100 個人來參加了這場「線上公司說明會」。

我們對參加了公司說明會的學生們送出線上報名表，其中就有**50名學生**填寫完報名表並寄了回信。在這時候我們跟學生之間彼此都還沒見過任何一次面。

當然也有人覺得說「應該實際面試一次比較妥當吧」，但一想到肺炎的傳染風險，我們最終決定採取一向大膽舉動，用 **Instagram 的視訊通話做網路面試**。不光是學生們，我們也是第一次做這種事情，當被問到「你們是第一次用 Instagram 面試嗎？」所有人沒有例外，通通都回答「這是第一次」。

在自己家中坐著就可以進行面試，這在我還在求學的那個時代是完全無法想像的，但螢幕另一端的學生可是正襟危坐，即使是透過網際網路，我也能感受到他的緊張。同時學生們的認真態度也給了我充分的勇氣，在數次面試過後，我們敲定了其中八人送出錄取通知。

這次新進員工錄取的經驗讓我永生難忘，即使現在我們不常碰面，但在網路上我們經常會談，在感覺上仍是相當熟悉彼此的。

在錄用後，**錄用儀式也透過線上召開**，新人與老員工之間的座談會、個別會談也都用線上會議進行。我對於這項打從根本翻轉對求職活動認知的結果感到非常驚訝，換句話說，這也是肺炎這項逆境帶來的一個意外轉機。或許這只是歪打正著的結果，但因為我相信「**畢業生們在這狀況下應該也感到相當困擾**」而採取了這樣的行動，相信這項行動會對求職生帶來正

圖 32 Instagram 上的應屆畢業生招募內容

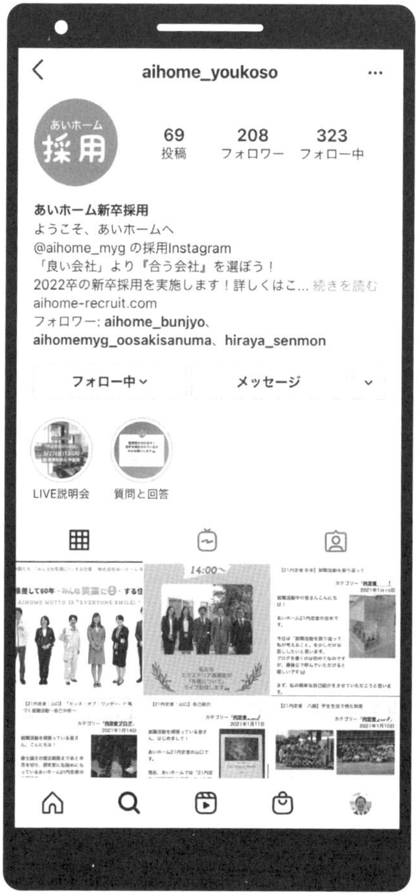

AIHOME 應屆畢業生錄用

歡迎來到 AIHOME

@aihome_myg 的錄用 Instagram

與其選「好公司」不如選「合得來的公司」！

2022 新應屆生錄用活動實施中，詳情請洽…

aihome-recruit.com

跟隨者：aihome_bunjyo,
aihomemyg_oosakisanuma, hiraya_senmon

跟隨中　訊息
LIVE 說明會　Q&A

面幫助是我發自心底的想法。一想到今後的顧客會活用網際網路來選購房屋，我就不禁期待 Instagram 錄用的這批新進員工會如何活躍於這個新的時代。

達成 SDGs，攬客徵才一舉兩得

我做為社長的理念是「追求『喔，這個好』」，2020年5月22日，我接下公司代表的棒子之後花了整整一個月才想出這個座右銘，也是我這輩子不變的理念。這是將我重視的事情、今後會重視的事情、以及人生不可移的重心這三項融入一句話當中的座右銘。在日常對話中不經意間聽到一句打從心底覺得贊同的話時，你就會自然說出「喔，這個好」。

與我這項理念100%相合的就是「**SDGs**」，SDGs 就是全世界196個國家與地區所追求的永續發展目標，這將世界上所有的社會問題都包含在內。據說為了確實定義這項目標的內容，全世界花了三年的時間，對194個國家、1000萬人進行線上調查。至今為止，人類史上還從沒有這麼大規模進行調查匯集廣泛民意的紀錄。

我在第二章已經與大家提過了「信賴小圈圈」，這項理論的根本在於「盡力服務顧客與地區，最終博得大家的支持」。當今全世界、各地方都在追求SDGs，若是我們不跟著追求SDGs，還有可能獲得大家的支持嗎？**我如果是顧客，我一定是支持願意出錢出力為解決地區及社會課題而努力的工務店。**更何況，將來孩子們在學校也會學到SDGs，畢業出社會，這將是個永續發展的目標，也是需要不斷面對的課題。

對工務店來說，最大的資源就是人。不管你做什麼生意，你一定**需要所有成員對你的理念能產生共鳴**。越是積極努力的工務店，就越需要積極又有幹勁的員工；在這樣的情況下，SDGs這個世界共通的目標給人的感覺就很有夢想、很有實現它的價值。你不需要把SDGs當成一種義務去強迫全體員工做些什麼，但你可以試著用些比較簡單的辦法，讓大家感到你是積極想要面對SDGs的課題、並朝著達成目標的方向前進。

政府過去曾主張「2050年實現零碳排」，並希望各地工務店能將「永續推行」這項要素融入企業經營方針當中，以長遠眼光俯瞰日本及世界的潮流，進行企業活動。我認為今後只有**與社群親和性高的企業，才有長期生存的價值**；企業應該有全球性的眼光，但同時也要不忘認真在地深耕。

圖 33 透過網頁對外傳播 SDGs

AIHOME 的 SDGs 具體行動

あいホームは宮城県の住宅会社として、持続可能な開発目標に対し、下記のように取り組んでまいります。

3 すべての人に健康と福祉を

高断熱で省エネルギーな住宅を提供することが、健康増進・長寿命への貢献のひとつだと考えています。ヒートショックを防ぎ、住む人が健康で安心安全に暮らせる家。あいホームでは、見えないところである壁の中の断熱性能にこそ徹底的にこだわり、さらに北海道などの寒冷地で普及する樹脂窓を全商品に標準採用することで、体にやさしい住居を目指しています。積極的にZEH住宅の普及にも努め、高断熱高気密・省エネルギー住宅の推進をするために、いつでも体感できる自社独自の住宅展示場を展開しています。

また、社員の健康増進するためにマラソン大会への参加や歩数競争イベントなどを行い、健康意識を高めています。自治体保健所主催の健康イベントでは、事業所として最優秀賞を受賞しました。

5 實現性別平等

藉由創造女性能活躍的機會，我們想在以男性為中心的建築業界創造新的住宅服務。在 AIHOME 我們積極打造對女性員工友善的工作環境及工作內容、並積極錄取女性員工，目前內部員工的女性比例已經超過 50%（業界平均比例為 13%）。特別是設計部門，該部門的十名員工全都是由女性構成。
另外，家有 15 歲以下小孩的員工約佔全體員工的 4 成，我們將持續改善不分男女、育兒世代員工能安心育兒的工作環境。

第5章

將顧客滿意度拉到最高的「最佳住宅銷售模式」

全公司一起來做「最完美的初回面談」

前面提過了，顧客在選擇工務店時，會利用智慧型手機、透過網頁與SNS等管道，換句話說，**你的戰場就在那支小小的智慧型手機上**。

在這樣的一個時代，要是顧客還願意特地登門拜訪，那真是你上輩子燒對了好香。對於這種現象你可千萬不要以為是理所當然，而且你非得畢恭畢敬、萬分珍惜這得來不易的客戶才行。

在我們這行，我們稱第一次跟客戶面對面談話叫做「初回面談」，**這個初回面談必須要舉公司上下之力，一同努力做一次完美的面談。**

反之，站在顧客立場，如果你碰到的工務店在初回面談給你的感覺不是很認真，那我覺得還是換一間比較好。顧客的時間是有限的，他們願意提供寶貴的時間來跟工務店接觸，而工務店卻不加以珍惜；這樣的工務店是無法滿足客戶真正的需求，也無法讓客戶的家人為了新的居住環境而感到欣喜的。

在這一章，我會講述舉公司全體員工之力實踐的事例，同時也會探討最佳住宅銷售的模式。

圖 34 初回面談最重要

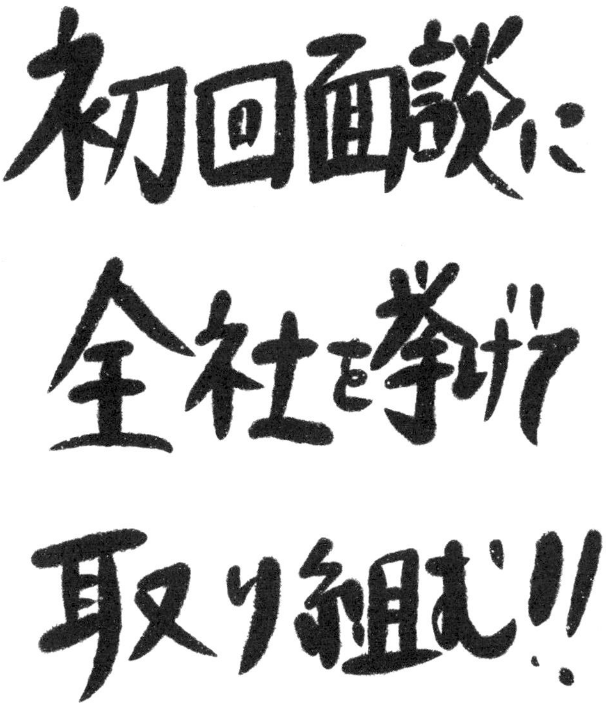

初回面談要舉公司上下全體成員之力一同打拚！！

最佳住宅銷售模式同時對顧客來說也是最佳選擇

首席住宅顧問．長井克之先生曾說過下面這段話（《住宅經營成功之鑰》日本住宅新聞社，2004年）：

即使是在地的工務店、建商，要是不發揮企業組織全體的力量去強化銷售業務，終究會在競爭中落敗。

回顧歷史，時代的變遷是這樣的：①「業務員個人力量決定一切」的時代、②「業務員＋商品」的時代、③「業務員＋商品＋品牌」的時代、④「業務員＋商品＋品牌＋業務模式」的時代。（引用原文）

我對於長井先生能將住宅界業務的歷史濃縮至此感到非常佩服，於是找機會與他攀談了兩句；沒想到他說出了令我更為驚訝的一句話：

「住宅業界過去這五十年從沒變過，真正有所改變的只有IT而已。」

照他這麼說，我們這圈子的本質始終都沒變；這句話對我宛如晴天霹靂，但同時也令我銘感五內，於是我便改變了業務方向，不再追求業務銷售的小技巧，而是開始思考什麼才是本質上的「**最佳業務銷售模式**」。

在我開始講最佳業務銷售模式之前有三件重要的事情得先說清楚：

第一點，最佳業務銷售模式所謂的「最佳」，不光是對工務店，同時「**對顧客來說也是最佳**」的選擇。

第二點，最佳業務銷售模式建立起來之後不是就這樣拍拍屁股完事了，而是要持續不斷打磨鑽研的。

還有最後一點，那就是要徹底活用IT。即使本質不變，銷售模式在不同企業手上還是會玩出不同花樣的，但再怎麼說，以上這三點不論對哪間工務店來說都是一樣重要的。

為了要探討最佳業務銷售模式，我們必須得先談談住宅業務銷售是怎麼回事。就像是要蓋出好房子必須得先理解蓋房子是怎麼回事一樣，在探討最佳模式之前要先理解住宅銷售的模式，因為不光是工務店，顧客追求的也是最佳的住宅銷售模式。

住宅銷售的模式

住宅銷售的構造可以分為三層來說，一層是「發掘顧客、搶先提供資訊」，一層是「展開商談、實際給予顧客幫助」，最後是「實現顧客的需求、帶給顧客滿足」。不管你是怎麼操作的，住宅銷售的流程不外乎發掘潛在顧客、展開商談、讓顧客感到滿足並實現它這幾個步驟，無一例外。

首先是第一層的「**發掘顧客、搶先提供資訊**」，要是沒做好這一步，潛在顧客就不會浮上檯面變成真正的顧客。沒有顧客自然啥也都甭提，所以吸引新的顧客永遠是你不可忽略也不可能省略的一步。說到發掘顧客，這要同時從個人能力所及與組織勢力所能及之處雙管齊下。這些活動是為了增加願意參與面談的潛在顧客，所以透過網頁以及 SNS 等等先釋放出顧客有興趣想知道的資訊來吸引顧客上門是非常重要的。

第二層是「**展開商談、實際給予顧客幫助**」，這一步沒做好，不論你招來了多少潛在顧客，最終也無法成功簽約。關於這部分，在本章節最後我會詳述何謂提問型業務，但**基本上就是你必須要有「想要幫上顧客的忙」這項信念**。即使你耍再多小花招，不會簽約的人就是不會跟你簽約，住宅會影響到顧客一輩子，做業務的不該用花言巧語跟隨便的態度去對待這件事情。

圖 35 我的公司在用的最佳銷售模式

入住顧客 ◀	簽約顧客 ◀	潛在顧客 ◀	潛在的潛在顧客 ◀	
❸		❷	❶	
實現顧客的需求、帶給顧客滿足		展開商談、實際給予顧客幫助	發掘顧客、搶先提供資訊	
・交屋後的聯繫溝通	・從簽約到交屋 ・交屋後的售後服務	・遠端接待 ・FP相談 ・聊天室 ・提問型業務 ・線上面談	・員工部落格 ・SNS ・實況直播	個人
・售後服務	・實現設計／工程階段的客戶服務	・開發淺顯易懂的工具 ・monitor 環境 ・角色扮演 ・對話腳本	・VR 展覽場 ・SNS ・展覽場 ・活動	組織
・透過「I-D」進行顧客管理	・透過「I-D」進行顧客管理	・可視化 ・徹底數據化	・透過「I-D」進行顧客管理	IT

第三層是「**實現顧客的需求、帶給顧客滿足**」，這點沒做好的話，即使顧客跟你簽了約，最終他們也不會得到滿意的居住環境與生活。在你跟客戶簽下合約的那瞬間，你們就已經踏入了這一層境界，所以你該做的就是努力在現場品質、工程管理、交屋後的售後服務等所有方面滿足客戶的需求。若是客戶無法對你提供的住宅及居住生活感到滿意，那當他們與想要蓋房子的親友交談時，他們也不可能打從心底向其他人推薦你的工務店。反之，若是能滿足顧客的心，那你就等於是多了不少隱性廣告宣傳的機會。

在理解以上住宅銷售業務的構造後，就可歸納出統合「**個人・組織・IT**」的最佳業務銷售模式。**將上一頁的圖表用自家企業的組織（分工）套進去，那你就能看到自家企業的業務銷售模式是怎麼回事。**歡迎大家試試看，我個人也是從長井先生的業務銷售模式中得到啟發，才將「最佳的業務銷售模式」給歸納出來的。

擦亮你的販促工具

想實現最佳銷售模式，那你當然也要有把稱手的武器。**販促工具，是你在與客戶正式面談之**

圖 36 敝公司的販促工具活用清單

■ 發掘顧客，搶先提供資訊：擴張潛在顧客群的工具

	工具名稱	V	活用方法
1	名片（附照片）		初次面談時遞給顧客自己的聯絡方式跟 LINE
2	自我介紹影片		在顧客來店之前先讓顧客認識自己感到安心
3	所有費用全包在裡頭的型錄		讓顧客對透明化的價格感到安心
4	施工實例照片集		以照片讓顧客能想像將來自己所住的住宅環境
5	公司理念手冊		簡單明瞭傳達公司的形象
6	公司員工部落格		公開自己的日常生活，拉近彼此距離
7	自我介紹小卡（A4 尺寸）		寫上自己的部落格或介紹影片的 QR 碼、出身地等資訊，拉近彼此關係
8	介紹用 PPT		陳述如何選擇自建住宅與購買土地
9	學區一覽地圖		把握當地環境，也可活用於尋找自建用地
10	來店感謝禮		給新規顧客一份來店見面禮，加深印象

前需要預先精心準備好的道具。隨著科技發展，工具越來越多，你需要隨時掌握新知、時時嘗試新玩意，並且隨著最新的最佳銷售模式去改進自己手上的工具。

在準備販促工具時，你應有的第一個認知是「不要以為光用口頭說明就能讓客戶理解」，比如說照片、資料等視覺化的東西，這些都很重要。

如果你面對的是一個想蓋自有住宅，但卻沒有任何背景知識的顧客，你用一堆專業術語砸過去他當然不可能聽得懂，這是大忌。

在此跟大家分享「販促工具活用清單」（圖36），不管是給員工個人還

■ 展開商談，實際給予顧客幫助：從初回商談到簽約為止所用的工具

	工具名稱	V	活用方法
1	面談筆記		統整自建住宅所需的資訊
2	契約書範本		消除簽約時的不安
3	同業比較表		將自家與同行的特徵做個比較
4	室內設計集		讓顧客能想像心目中最理想的室內設計
5	土地調查報告		統整建築預定地的現狀
6	各種保證書		消除對將來的不安
7	資金計劃書		消除對資金面的不安
8	建築流程		提供現金購入 or 部分住宅貸款這兩種選擇
9	融資比較表		統整選擇貸款銀行所需的資訊
10	融資事先審查所需的文件清單		統整申請房屋貸款時所需要的資訊
11	售後服務資料		提供令客戶安心的交屋後服務
12	地盤調查資料		調查方法用照片或圖像加以說明
13	樣式比較表		簡單明瞭地做出各種商品間的比較
14	火災保險估價單		簡單明瞭地告知火災保險的內容
15	「土地選定的撇步」PPT		告知如何進行建築用地的選擇與流程
16	「自建住宅的流程」PPT		對初次自建住宅的顧客說明各項流程與重點

（接續前頁）

■ 實現顧客需求，帶給顧客滿足：從簽約後一直到交屋後的售後服務所需的工具

	工具名稱	V	活用方法
1	到交屋為止的流程		讓顧客了解在每個階段的各種進程
2	感謝函		交屋時表達對顧客的感謝
3	不動產取得稅的減稅資料		告知如何降低相關稅務負擔
4	房屋貸款稅務扣除資料		告知如何用於減稅
5	原創回憶集		提供顧客新居落成時的照片做為回憶之用

是對於組織全體，都需要拿著這份清單隨時按照狀況更新；即使是新進員工，能馬上給他們準備好工具，也就等於幫助讓他們更快進入狀況，這重要性自然不必多言。切記，在這裡這些工具的目的並不在於攻擊其他同業，而是在於幫助顧客理解、為顧客帶來幫助才是重點。

用大螢幕談生意，簡明易懂

當你與客戶面對面時最重要的，就是談話時用的資料。你要是兩手空空就這樣去了，即使你的說明再怎麼高竿，也很難在顧客腦海中留下印象。

如果是以前的話，我們會拿透明資料夾把所有文件資料通通裝進去，然後再看狀況把需要的文件一張一張拿出來跟客戶談。

可是現在不同了，現在流行的是**文字不如照片、照片不如影片、舊資訊不如新資訊。如果客戶問了什麼你答不出來，當場開手機查馬上給答案這才是現在這時代的正確作法。**既然如此，那扛著電腦接上大螢幕放大了資料給客戶看顯然是個更好的選項。

一張紙擺在客戶面前是沒辦法將它放大縮小的，但如果你今天是用大螢幕秀給客戶看，你當然可以把想要強調的部分放大，或是隨客戶喜好做其他呈現。

客戶的資金協商應該用視覺化呈現

在初回面談中最重要的並非住宅本身的資訊，而是預算及住宅貸款的相關資訊。當然，我們偶爾會碰到手頭上有整筆可運用資金直接付款的客戶，不過基本上絕大多數的顧客都還是會申請住宅貸款。

理所當然地，做我們這行的，不會聽到有顧客說：「啊我申請過好多次住宅貸款」。大多數顧客在初次申請住宅貸款時，心裡都充滿了各種不安與疑惑。

因此，我們在為客戶做說明時，必須盡可能簡短、明白、易懂。根據顧客的預算進行估計，30年後當顧客60歲時大概還得扛多少房貸、每個月還多少比較好等等，這些都需要站在顧客的立場進行考量。

雖說是估計推算，但你**不可以變成一台只會敲數字的計算機**。計算每個月償還額度這種事情隨便拿手機出來點兩下誰都會做，根本不需要你來。身為住宅專門的顧問，你該思考的是怎樣對顧客的下半輩子人生提供建議。

對此，敝公司使用「專用軟體」，與顧客一起進行資金面的考量。這類工具市面上很多，請自行斟酌選用；重點是，**要能以視覺呈現、能放在螢幕上讓客戶一看就秒懂。**

用社內考核在短期間內取得知識

新進的業務員最擔心的通常都是他們自己腦內的知識不足，我已經不知道聽他們說了多少遍「我懂得太少感到很不安」之類的話。自己看看書、找前輩交流交流什麼的的確可以逐漸增進知識，但光憑這些要讓新人確實掌握充分知識與自信那得花上好幾年的時間才行。

不過我倒是有個辦法可以讓新人**在短時間內獲得大量知識，那個方法就是內部考核**。至今為止我還找不到比這更好的辦法。

模擬實際狀況下顧客會提出的問題，做成內部考試，並且立下「不及格就得補考」的目標，嚴格重複執行社內考核。如此，一般來說要在公司待個兩三年才會吸收到的知識只需要兩三個月就能一次吸收。當顧客實際問起時，對答如流的員工便會體認到自己的努力所帶來的成就感。

製作公司內部考核的資料、持續推動內部考核這些事情並非易事，可是推行之下能帶來的知識習得效果，卻是公司與員工個人一輩子的重要資產。推行這項活動的勞力所代表的意義實在是無法估量。

空有知識雖無法與住宅販售直接劃上等號，不過知識背景是絕對有其必要性的。內部考核與接下來要談的提問型業務並列為我強烈推薦的兩項重點。

朝著「提問型業務」的住宅顧問邁進

在工務店推行IT、網路運用時，有一部分是絕對無法以IT取代的，那就是與顧客的交流溝通。換句話說，就是業務活動。

貼近想要自建住宅的顧客心理，提供支援與鼓勵，實現顧客的夢想與願望。這些事情是IT無法取而代之的，即使今後科技再怎麼發展、AI（人工智能）與機器人在工務店的業務範圍中再怎麼受到重用，人與人溝通的這部份需求是絕對不可能消失的。

也正因如此，溝通（與顧客的接觸）需要**有普遍而不會動搖的經營哲學做為一切言行舉止的根基**。這點我目前仍在做多方嘗試，但我相信最完美的住宅銷售業務應該是「**提問型業務**」不會有錯。

不知道你有沒有碰到過那種劈頭就嘴得天花亂墜的業務？我對於這種業務員會緊閉心房大門，對他說的每句話都是左耳進右耳出，購買慾望也會大幅下降。好不容易我才有了購買慾望想要聽他說些什麼的，卻因為他講話的方式搞得我興趣全失，這樣的業務不叫業務，叫「反業務」。

提問型業務與主動說明型的積極業務是處於兩個極端的思考邏輯，提問型業務的起點在於為客戶服務並提供他們所需的幫助。以我公司內部而言，我們是從青木毅先生所開發的「提問型業務」受到啟發並學習、實踐，想要**打造我們獨有的提問型業務型態**。

重視顧客的需求與期望，約定見面時間、接觸、做簡報，在與客戶近距離接觸的每個階段，都要以對客戶最有利的溝通為目標。

實踐提問型業務，以住宅專業的顧問自居，提升對客戶的存在感與幫助。也因此，在我這邊，我們的員工不叫「業務員」，而是叫「住宅顧問」。

由於市面上多數的同業還是以主動說明型的業務員佔多數，所以你光是把提問型業務這個業

務型態代入自家公司便可領先同業幾個馬身。對於提倡提問型業務的青木先生，我很贊成他的理念；他認為，如果有越來越多的業務員注意到提問型業務的真正價值並加以實踐，那麼工務店圈子必定能更上一層樓。

我在這裡只稍微提個兩句，詳細的內容還請向青木先生直接學習他的提問型業務。所謂的提問型溝通法可以分為「會話」與「提問」，除此之外，重要的是「**善意、提問、共鳴**」。若你提問時不帶善意，不管你問什麼對方都不願意敞開胸懷跟你談；沒有共鳴，那你們的溝通就談不深、談不到重點。**對顧客帶有「善意」、「提問」時要真心，還有，對於顧客所說的內容要能產生「共鳴」。**

要是把溝通做個分析，那就會發現善於溝通的人，不光是懂得如何提問，同時還帶有善意、會對談話內容產生共鳴。

稍微想像一下你身邊擅長溝通的人吧，那種人人都會找他聊天的人，應該很懂得怎樣產生共鳴。這也是一種標竿，我建議你可以徹底去觀察、模仿他在跟其他人談話時用的是什麼樣的措辭、用什麼樣的表情、有什麼樣的小動作。

圖 37 以提問型業務來對客戶提供幫助

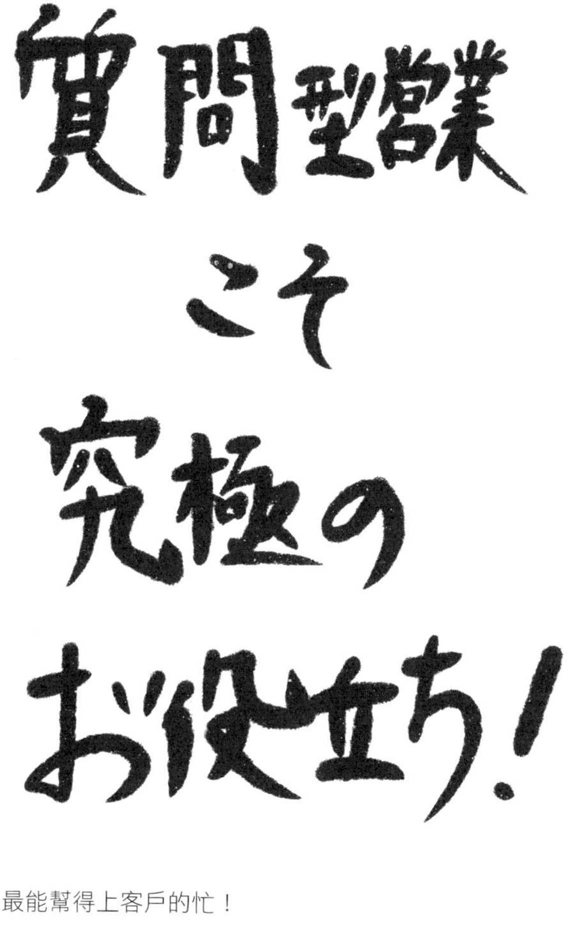

提問型業務才能最能幫得上客戶的忙！

用「談話劇本」徹底練習角色扮演

「提問型業務」的提倡者青木毅先生曾說過以下這句話：

「業務員並非天生的才能或性格所養成，只要透過「學習」與「訓練」任何人皆可在三個月內被培養成業務員。」

我對此言深有同感，從這句話裡頭看到了希望之光。就我個人而言，我當時24歲，完全是在沒自覺的狀況下透過了「學習」跟「訓練」，磨練出了住宅銷售的業務能力。雖說是誰都可以透過訓練變成業務，那具體來說到底要怎麼個訓練法，就讓我接下來慢慢解釋吧。

要是用簡單一句話來解釋的話，那就是「**角色扮演**」了。想像你正在與顧客談生意，做實際的商談練習。這並不是叫你設定個場景就開始瞎折騰，在做角色扮演時，你需要把**最幫客戶著想的「公司內業績最好的銷售員」會在這個情境下使用何種措辭、用什麼方式展開對話等等內容當成「教科書」進行演練。**

這個教科書，我們姑且稱之為「腳本」（圖38），**這腳本需要在公司內與所有員工共享，讓大家模仿其用詞、實際進行演練以徹底融入習慣。在不斷重複的同時，也不要忘了強化客戶本位思考的信念。**

只要腳本寫好了，就讓大家拿去不停演練，實際操作是這樣的。

首先，要不停複誦腳本內容。要練到不用看也能朗朗上口，這至少要「**單人角色扮演**」不斷重複演練個上百回才行。等腳本內容背起來了，找其他資深員工一起做「**實踐演練**」。此時演練的重點並不是內容正確與否，而是對**你發聲的音量大小、表情、小動作等自己不會注意到的小細節進行確認與糾正。**

「音量降低一半，重新試一次吧」、「聽人說話時點頭的幅度再大一點，那麼再來一次」諸如此類，當場進行修正並重複實踐；實踐演練時若是有能修正的地方，當場進行修正是最恰當的。

圖 38-1　　腳本範例 1

■【AIHOME 提問型業務腳本】（1 小時 40 分鐘）【內部機密】2020.12.25

第一階段 **【詢問目的】** （10 分鐘）	「歡迎您大駕光臨，可以麻煩您幫忙填寫一下這份來訪登記表嗎？」 「感謝您的合作，在開始參觀樣品屋之前，可以先問您幾個問題嗎？」 「在那之後，請容我介紹一下敝公司與商品，這樣會更能幫助您挑選理想的住宅商品。」
①確認目的 會話的重點「善意、提問、共鳴」	（看登記表）「XX 先生您好，很感謝您今天大駕光臨。請問這次您要購買的住宅預計供幾人入住呢？」『……』 「原來如此，感謝您的回答。那麼，想請教您是什麼原因讓您在這個時候選擇新建住宅呢？」『……』 「好的，請問您是從什麼時候開始看房子的呢？」『……』 「原來是這樣的，那麼請問我們是您看的第幾間房屋公司？」『……』 「感謝您的回答。那麼在您已經看過的各家同業當中，請問您是否已經有了心中的首選？」『……』 「好的，那請問您為什麼會選出這個答案呢？」『……』 「我懂了，如果是這樣的話，敝公司所提供的住宅必定可以滿足您的需求。」
第二階段 **【確認動機、連接人際關係】**（10 分鐘）	「說起來，請問這次是哪位親友使得您興起新建住宅的念頭呢？」
①對客戶個人（家人）的關心	「原來如此，關於自用住宅，請問您▲（太太或小孩）有沒有什麼意見呢？」『……』 「是這樣啊，那當時請問您是怎麼回答的呢？」『……』 「原來如此，那▲是怎麼說的呢？」『……』 「這樣喔，那您當時的感覺如何？」『……』 「哇，您還真是為家人著想呢。請問■（太太）當時也在場嗎？她怎麼說？」『……』 「啊，那麼您當時聽了心情如何呢？」『……』 「喔，看來您的家人也都很支持您呢。」『……』 「如果是這樣的話，請務必要讓我們來為您服務。有什麼需求都請儘管跟我們說。」

圖 38-2　腳本範例 2

①全電氣化的能源支出比較便宜 ②可以減稅 ③土地等於自有資產	「金額計算出來了，金額對您來說可能會是個大數字，實際上這部分可以用房貸進行相抵，不知道您有沒有個大概的預估值？或者您是否有希望的數字？」 「另外想請教您目前每個月房租大概多少？」 「如果能以目前每月房租的數字來負擔自建住宅那應該是最理想的吧。」 「如果您房租每月 X 萬元，那換算成房貸同金額的話您可以購入預算 Y 百萬元的住宅。不知道這樣您覺得如何？」『……』 「每個月支付這樣的金額，就可以蓋這個樣子的房子，不知道您意下如何？」『……』 「是的，如果這樣可行的話您會怎麼選呢？」『……』
簡報	
第四階段 **【參觀樣品屋】** （30 分鐘）	「對於這樣的預算我們剛好有展示用的樣品屋在旁邊，要不要去看看呢？」『……』 「先跟顧客詳談過後再去看樣品屋，這樣客人的感想也會有所不同」一邊解釋一邊移動。 「這個大小您覺得如何？」『……』 「收納的話還可以利用這邊的空間，您覺得如何？」『……』 「您看看這個訂做窗簾（一邊摸質料）我們這棟房子的窗簾都是用這一個款式，您覺得如何？」『……』 「我們還有附 LED 照明」『……』 「另外室外水管也都會接好」『……』
總結（簽約）	
第六階段 **【結尾】【測試結束】**	①「這樣一路看下來，不知道您覺得如何？」『……』 ②「您這麼說實在是太好了，不知道哪個部分您最滿意呢？」『……』 ③「謝謝，不知道能不能麻煩您再說具體些，比如說那些地方最合乎您的需求？」『……』 ④「謝謝您的回覆，如果是這樣的住宅，不知道是否能滿足一開始您所提到的家人心目中的需求？」『……』 ⑤「原來如此，如果能加上這些設施的話，不知道能不能滿意呢？」『……』 ⑥「好的，那不然我們再來談談具體計畫如何，我們應該可以算出合乎您資金計畫的數字。」

第6章

使地區、鄉下工務店產生劇變的IT、網路活用33招

1. 用 Zoom 將所有會議都錄下來

沒有什麼工作比漫長的會議更沒有效率，或者該說，會議並不能算是工作的一部分。在開會時，所有與會者的時間總和就是被浪費掉的時間總和。如果開會可以讓顧客感到開心、提升業績，那多開幾次會也無妨，但我們都知道，事實並非如此。

會議的目的，並非在於共享資訊，而是在議論與決定。如果要決定的事項已經明確釐清出來了，那麼你這個會甚至都沒必要開了。只要事前將資訊分發到所有與會者手上，講明了開會時有哪些事是一定要明確討論出個結論的再去開會，這樣開的會才會是有意義的會議。**會議的目的，是在開完會之後每個參與者都很清楚「接下來該幹什麼」，而且還準備好了待辦清單。**要是你會都開完了，大家卻還是一頭霧水不明白接下來該如何是好，那這個會就是白開了，現實不會有任何改變。

就算你現在知道了什麼叫做理想的會議，但說到實際上理想的會議是否容易實現，那當然沒那麼簡單。在此你需要的就是幾個開會之前的先決條件，只要做到這幾點，至少就可以讓你的會議時間縮短不少。

圖 39 內部會議全部用 Zoom 錄下

▲ 20200612_2020 年度上期方針發表會
20200612_ 新代表就任致詞
20200720_ 新會議
20200730_ 業務流程可視化會議
20200821_ 平房會議
20201001_ 錄取者線上活動
20201009_2020 年度下期方針發表會
Zoom 角色扮演
其他

使用 Zoom 召開的線上會議及其他活動通通錄下後保存在 Box 內，這樣即使有人無法即時參與也可以透過 iPhone 事後從資料夾中下載來確認內容。Box 是容量沒有上限的雲端儲存空間，所以也不必在乎資料保存容量的問題，把所有會議內容全部錄下來。如此既不必為了開會而聚集在一起、也不需要準備會議紀錄，會議時間可以縮短，生產性會得到革命性的提升。

當內部會議全部轉成線上，那在會議時就真的只會談重點，不再像過去眾人聚集在一起開會時動不動還會離題講些沒有關聯的內容。我們這開的是內部會議，沒有什麼破冰找話頭攀關係的瑣碎事情，這麼想講話的開完會自己去旁邊等下班之後講就好。

我們開的所有會議都用Zoom召開，並且所有會議都會進行錄影（圖39）。如此即使沒辦法準時參加的成員也可以找時間看會議到底講了什麼，同時也不再需要會議紀錄。這對於負責擔任書記的人是個好消息，同時如果習慣了這套做法，你們都會覺得這麼方便的做法根本回不去了。

2. 新社長上任活動改在網路上召開

我是在2020年5月22日從上一任社長手上接下棒子，成為新任公司代表的。照一般的習慣，那應該要借個大會場、招待下包與其他關係企業，召開一個盛大的社長就任儀式才對。不幸的是，受到了肺炎的影響，邀請函送出去根本沒幾個人要來，更何況是舉辦超過一百人以上的大型活動，這在我上任之後的那個時間點是不可能實現的。

話雖如此，一間企業的社長換人這種事情不管是對公司內部還是對外都算是件大事；而且新任社長的方針、新的組織政策等等大方向的概要都有必要讓所有有關人士知曉。

於是，我就選擇了**把新任社長就任儀式放到線上舉行的這個做法**。不光是我這個新任社長，還叫上代表組織革新的年輕員工，讓他們一起發表對新組織的期待與目標。儘管我們都是初次體驗，不熟悉這套操作；但這次經驗讓我們確實學到了不少，當時的影片紀錄都還保存著（圖40）。

我們主辦方的參與者從不同的位置連線參加，而其他參與的協力廠商與下包業者也都各自連上線來參加這次活動。

即使我們所有人並沒共處同一個空間當中，但在共享同一個畫面時還是能感受到那份真實感。**「讓周遭徹底理解你的態度」並不完全等於「一定要聚集在一起」**。現在這個時代，不管在怎樣的狀況下，只要能連上線就能彼此連結在一起，這就是這個時代的做法。

在此有一點我必須強調，那就是所有與會者的參與完全不花任何一毛錢的移動成本。同時，線上活動的參與成本也幾乎等於零，會場租用成本當然也是零，只要你想做、能做，馬上就可以付諸實施。即使一開始遇到些小麻煩，但總是有嘗試這項方法的價值的。

圖 40 線上舉辦社長就任活動

（株）あいホーム
新代表就任キックオフ!!
2020年6月12日(金) 15:30～
開始まで音楽が流れます。
そのままお待ちください。

▲（株）AIHOME
新任社長就任大會！！
2020 年 6 月 12 日（週五） 15：30 ～
開始時會撥放背景音樂，還請稍候

透過這次活動，我相信「展望」與「熱情」是可以透過線上傳達的；我的聲音傳達到所有與會者的內心，並且透過與會者的回饋，我確信大家都理解了我的信念。挑戰至今為止沒嘗試過的事情，對於經營者的成長是有正面加速作用的。

3. 將展示場ＶＲ化，只要有手機就隨時隨地可以參觀

有件事讓我很始終感到遺憾，那就是對於顧客來說，給他們看宣傳單上的各種室內隔間尺寸，即使是白紙黑字寫得清清楚楚，他們也難以想像那實際的尺寸大概是多少。難道對於一般人來說，白紙黑字的設計圖要在腦海中成為立體影像真的很困難嗎？

比如說，你正在跟客戶交談，指著圖說「就如這張圖所示，這間房子的客廳大概是16帖（譯者註：1帖約等於0.5坪）」；可是對客戶來說，他們完全無法想像16帖是個什麼樣的尺寸。你必須要想個辦法，**讓顧客即使人不在現場也能有辦法對你所說的尺寸產生基本概念**。

就這樣，我在網路上找到了一個可供人在虛擬空間製作3DCG（電腦繪圖）的建築模型，並且用手機就可以直接閱覽的網站。而且實際做出來的成品品質之高，讓我都覺得驚訝；如果用這個玩意，就可以讓顧客對還沒完工的房子有個實際印象了。

不光是如此，如果房子完工了，你客戶不必特地跑去現場也能在網路上看到房子，換句話說，這也是可以節省客戶寶貴時間的一個手段。

百聞不如一見，就請大家從這個網站（圖41）去看看ＶＲ（虛擬實境）建築吧（aihome-vr.com）。只要用這個，即使顧客人在家中坐，也能享受蓋房子的樂趣。在這方面目前還有很多可開發的地方，今後也需要隨時注意這個領域最新的發展。

我們所採用的軟體是 Spacely（spacely.co.jp）這個網站，它提供３６０度的虛擬空間。Spacely 是供人在虛擬空間內做觀察的軟體，接下來我要說明的 Bubble 則是不需要寫程式也能設計出 WEB 網站的「無程式碼開發系統」，我們做的就是將 Spacely 設計出的虛擬空間放到 Bubble 設計出的 WEB 網站當中。

4. 不靠開發程式碼，也能在一個月內完成網頁上線

一般工務店很少有哪間會自己進行 WEB 服務開發的，敝公司當然也沒有這種經驗，說起來，打從一開始就從沒有想過要自己進行開發這種事情。

沒想到，肺炎感染猖獗，人與人面對面的難度突然提高幾個檔次；想想**至今為止大家用得那麼習慣的各種服務，其實幾乎都是以人與人能近距離接觸為前提所開發的。**

當顧客開始尋找「是否有不用出門也能逛樣品屋的服務」時，在當下自然沒有那麼方便的服務；雖然「既然沒有那就自己做啊！」是理所當然的反應，但自家從沒有開發 WEB 服務的經驗。若是委託專門的軟體開發公司去做，那至少也需要半年到一年起跳的開發時間，在這個瞬息萬變的年代，花這麼長的時間去做開發，很可能會導致最後被時代遠遠抛在後頭。

圖 41　虛擬住宅展示場

AIHOME
虛擬參觀 17 棟
至 2021 年 1 月為止，
宮城縣內的建築實績 2521 棟

這個時候，你需要的就是「**無程式碼開發**」。

無程式碼開發，就是省掉編程寫程式碼所需的時間與工程，是劃時代的開發方式。因為省掉了這費力費事的工程，原本需要半年到一年時間的事情，現在可以縮短到兩周到一個月左右。

實際上，我們用 Bubble（bubble.io）這種無程式碼開發系統開發出了「3.將展示場VR化，只要有手機就隨時隨地可以參觀」裡提到的VR展示場。在這個變化快速的時代，能用短短一個月開發出可以實際上線運用的WEB服務是非常有利的，今後我們也會試著開發更多可行性。

5. 每個月用 Zoom 練習角色扮演

當持續在線上進行角色扮演的練習時，我發現了新世界。在角色扮演時，會有一個員工扮演業務跟一個員工扮演客戶的角色，對於彼此的提問互相回答、模擬正式面談時的情況（圖42）。為了簡單明瞭地提供顧客有關住宅建築的各種服務，我們一直都在做這類練習。而隨著將角色扮演的平台搬到了線上，即使分隔兩地也可以讓員工彼此進行線上練習了；這點意義非常重大，從今爾後，所有想要練習業務技巧的新進員工，都可以隨時隨地與其他業務員進行接

圖 42 在 Zoom 上每個月舉行角色扮演

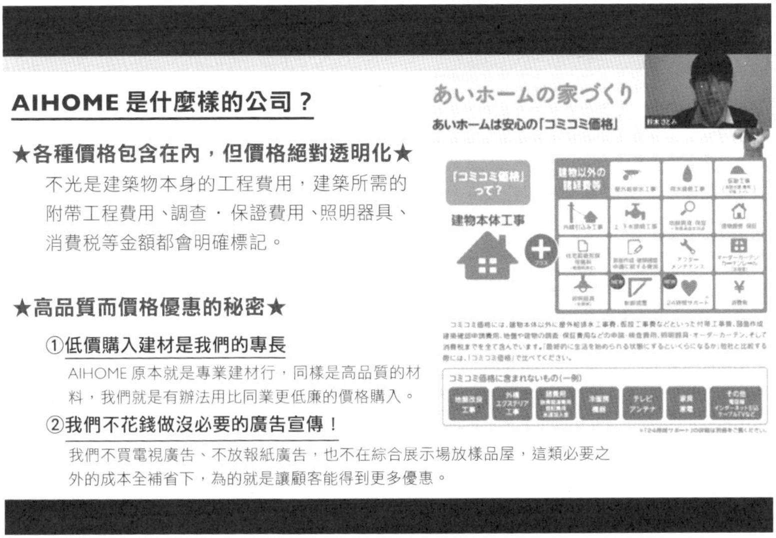
AIHOME 是什麼樣的公司？
★各種價格包含在內，但價格絕對透明化★
不光是建築物本身的工程費用，建築所需的附帶工程費用、調查・保證費用、照明器具、消費稅等金額都會明確標記。
★高品質而價格優惠的秘密★
①低價購入建材是我們的專長
AIHOME 原本就是專業建材行，同樣是高品質的材料，我們就是有辦法用比同業更低廉的價格購入。
②我們不花錢做沒必要的廣告宣傳！
我們不買電視廣告、不放報紙廣告，也不在綜合展示場放樣品屋，這類必要之外的成本全補省下，為的就是讓顧客能得到更多優惠。
あいホームの家づくり
あいホームは安心の「コミコミ価格」
「コミコミ価格」って？
建物本体工事
建物以外の諸経費等

觸溝通，彼此切磋。

站在經營者的角度，這項舉動有非常大的好處。雖說你很難一次在線上花很長的時間去做角色扮演練習，但透過線上進行，**便可使眾多社員在不需另外花費時間的情況下看到其他人的練習內容。**講話時的表情、小動作都跟實際在眼前練習時比起來還要更為明顯。

補充一下，**線上最重要的是音質與影像。**這兩點是現實世界中不曾注意過的要素，但今後這兩點一定是你不可忽略的兩項要素。

更重要的是，這項活動最少每個月應該要舉辦一次，持之以恆才會成功。

6. 每個月藉由 Zoom 進行公司內部考核

我敢說，想要抄捷徑習得一身專業知識，辦公司內部考核是最快的。對一般人來說，就算你丟一本教科書或解說書給他，他也很難有計畫有效率地吸收其中的知識。

但是，你要是設定個**「內部考試沒有90分以上的通通算不及格」**這種規則，然後執行內部考核，那大家必定會記住所有的內容。為了考試合格，你通常會採取什麼行動？稍微回想一下你是怎麼準備考試的，或許你也會跟我做一樣的事情。

- **出聲音不斷複誦**
- **不斷手寫關鍵詞**
- **理解相關術語**
- **去問前輩**
- **上網找答案**
- **看 YouTube 有沒有解說影片**

你會做的事情大概不脫上面這幾項吧，為了獲得知識而採取的行動幾乎都濃縮在對付公司內部考試（圖43）上頭，那麼要熟記專門知識自然沒有比舉辦內部考核來得更有效果。雖然

圖 43 填空式內部考試

■外部規格

項目		規格
外壁	表面施工	窯業系材料 厚 16mm 帶金屬固定具（KMEW、光 cera） 窯業系材料 厚 16mm 帶金屬固定具 窯業系サイディング 厚16mm 金具留施工（旭ﾄｽﾃﾑ：AT WALL PLUS ）
	防水・透氣	透湿防水シート/外壁通気工法　通[redacted] 7 [redacted]
屋根	形状・勾配	形状：片流れ　　勾配:2[redacted] 8 [redacted]　軒出:60[redacted] 9 [redacted]の他：450mm）
	仕上	カラーガルバリウム鋼板　縦平葺き　0.4mm
	防水	ゴム改質アスファルトルーフィング
軒天		パルプ繊維混入セメント板 厚12mm 塗装品（ﾆﾁﾊ） 軒先：鋼製小屋裏換気用軒天換気材 防火タイプ（JOTO）
雨樋		パナソニック ファインスケアNF-I 型　　竪樋：S30
破風		ｶﾗｰｶﾞﾙﾊﾞﾘｳﾑ鋼板巻き　0.35mm
バルコニー	床	FRP防水
	笠木・手摺	アルミ笠木＋バー手すり１段+横格子２段
玄関ポーチ	床	磁器タイル 300mm×300mm
	天井	パルプ繊維混入セメント板 厚12mm 塗装品（ﾆﾁﾊ）
基礎巾木		弾性無機系ｺﾝｸﾘｰﾄ保護材　キソッシュONE

■外部建具

項目		仕様
玄関ドア		LIXIL：アルミ樹脂複合断熱玄関ドア：《グランデル》 親子扉 K1.5仕様
勝手口	床	JOTO：ハウスステップ　樹脂製　収納庫付き
	庇	LIXIL：アルミ製（キャピア）
	勝手口ドア	LIXIL：樹脂サッシ《エルスターX》
サッシ		LIXIL：樹脂サッシ《エルスターX》
ガラス		ダブルLow-E トリプルガラス《クリプトンガスス入り》
網戸		全開閉可能な窓に設置

ｸﾛｰｾﾞｯﾄ	キッチン	和室	床の間	押入れ	洗面脱衣室	トイレ
ア12mm ムSフロア3P ｰｽﾞ》：MSX／MRX　3P		薄畳	地板	化粧合板	サニタリーフロア 朝日ｳｯﾄﾞﾃｯｸ/ｱﾈｯｸｽｻﾆﾀﾘｰ	
	ビニールクロス（量産タイプ） 厚12.5mm不燃防水PB下地	ビニールクロス（量産タイプ） 厚12.5mmPB下地			ビニールクロス（量産タイプ） 厚12.5mm防水PB下地	
コス（量産タイプ）						
					厚9.5mm防水PB下地	
		畳寄せ	雑巾摺り	畳寄せ	LIXIL：ｸｯｼｮﾝ巾木	
		廻り縁選択可	設定なし	設定なし	設定なし	

極ZEHの家　標準仕様書（社内試験）

■構造仕様

項目		仕様		
基礎	基礎	鉄筋コンクリート造べた基礎　基礎立ち上がり[redacted]m）　耐圧盤厚：150mm		
	配筋	立ち上がり部：D10@200　耐圧盤：[redacted]		
	防湿施工	防水シート（ポリエチレンフィルム）t=0.15mm		
	換気	基礎パッキング工法（玄関框周囲・ユニットバス周囲気密パッキン）		
床組	土台	105mm×105mm	：加圧注入材（構造用集成材）	金物工法
	大引	105mm×105mm	：加圧注入材（構造用集成材）	〃
柱	通し柱	120mm×120mm	：構造用集成材	金物工法
	隅柱	120mm×120mm	：構造用集成材	〃
	管柱	105mm×105mm	：ホワイトウッド（構造用集成材）	〃
梁	1F 桁	105mm×240mm～360mm	：構造用集成材	金物工法
	1F 梁	105mm×105mm～360mm	：構造用集成材	〃
	2F 桁	105mm×180mm～240mm	：構造用集成材	〃
	2F 梁	105mm×105mm～240mm	：構造用集成材	〃
小屋組	母屋	105mm×105mm	：構造用集成材	金物工法
	棟木	105mm×105mm	：構造用集成材	〃
	隅木・谷木	105mm×105mm	：構造用集成材	〃
	小屋束	105mm×105mm	：構造用集成材	〃
合板・面材	床	28mm	：構造用合板	
	屋根	12mm	：構造用合板	
	壁	構造用耐力面材：大建　ダイライトMS　9mm		
制震装置		油圧式制振ダンパー　evoltz（L220/S042）		

※浴室まわり・外周の土台・大引、柱・間柱・筋違の地盤面より1m範囲は防腐（K3相当）・防蟻処理

■断熱材

項目		仕様
小屋		[redacted]熱抵抗値 4.66㎡・K/W）
1階天井		設定なし
壁		ダブル断熱[redacted]5mm）：ネオマゼウス 合計 厚90mm（熱抵抗値 5㎡・K/W）
床	外気に接する部分	ウレタン吹付け断熱　厚160mm（熱抵抗値4.66㎡・K/W）
	その他の部分	フェノールフォーム保温板　ネ[redacted]抵抗値 4.75㎡・K/W）

■内部仕様

部位	ポーチ	玄関	階段室	ホール	LD	洋室
床	300角　磁器タイル貼		プレカット階段 永大産業《スキスムS階段》 朝日ウッドテック《ライブナチュラル》	カラーフロア 永大産業：スキスム 朝日ウッドテック《ナチュラルシリー		
壁	ビニールクロス 厚12.5mmPB下地					
天井				ビニールクロ 厚9.5mmPB下地		
造作材	LIXIL：クッション巾木					
廻り縁	設定なし					

這乍看之下像是公司在強迫員工，但其實新進員工當中最常問的就是「我沒有相關專業知識，這樣也沒問題嗎」，換句話說，這就是對沒有專門知識而感到的不安。

當然，缺乏專業知識的狀況下的確會感到很不安心，但**只要透過一次又一次的公司內部考核，你不懂專業這件事所帶來的不安很快就會被抹平**。然後，你就會充滿自信，能與顧客對答如流。這樣你聽公司內其他員工講話時也不會聽得「霧沙沙」，能擁有公司內部的共通語言其實也是很重要的。

具體的考核方式是這樣的，考試的實際狀態全部用 Zoom 錄影存證，然後當考試時間結束後馬上把考卷轉成 PDF 檔（或者是手機拍照）上傳 LINE 開始評分。考試結果當然也是當天就直接公布。

再重複說一次，這就跟角色扮演是一樣的，每個月做一次這項行為的重要性遠比考試的品質來得重要。要是你一年只舉辦一次考試，那其實跟沒考是差不多的。

7. 簽約改採數位契約

講到契約，就一定得在紙本上蓋章簽名；這或許是許多人的印象，但今後書面或蓋章這些東西可能有一天會從我們的生活中消失。

至 2020 年 10 月為止，我們在 2020 年上半期的簽約數是 111 件，這**當中有 80%**

以上是透過數位契約進行的（圖44）。

為何數位契約會有這麼急速的成長？因為這對顧客及工務店雙方都是有好處的。

對顧客來說，你不再需要為了簽約刻意撥時間跑去簽約。而且因為沒有紙本，都是電子化的資料，所以再也沒有「搞丟契約」這種麻煩。**從保管紙張的困擾中獲得解放，想想這能讓多少人感到放心**。再者，即使你沒有個人電腦，現在這些電子檔案存在智慧型手機也是可以的，這也使得電子化大大獲得了普及。

直到現在你要影印契約都還是需要紙張、墨水、印花費用的，若是換成了數位契約你連這些成本都能省下；這點不光是對顧客，對工務店也是一樣的。

那麼，對工務店又有啥好處呢？

第一個，你不需要再保管紙本。你不再需要買印花。不必付印花稅這點，是顧客與工務店都可共享的好處，同時契約書因為要各自留存，所以兩份契約書的影印費用也省下來了。

再者，又是影印又是裝訂，還得一路呈上來到社長手上蓋章，想想**這些作業流程的時間，在數位化之後全都被省下來了。**

身為工務店經營者，如果假日你都照常休假的話，其實你在公司的時間真正算起來實際上少得可以。你下面負責建案的員工想拿著契約書找你蓋章，還得三天兩頭喬時間找你；這種時間應該全部省下來，付出在顧客身上才對（圖45）。

現在想申請住宅貸款，除了少部分銀行之外，幾乎大多數的銀行機構都承認數位契約，審查上不成問題。至於對國稅局，他們也是承認這種格式的，算算根本沒理由不推行數位化。

敝公司所採行的數位契約服務是 Cloudsign（www.cloudsign.jp），這個 Cloudsign 操作介面簡單容易上手，而且還能配合其他數位契約的格式進行修正，所以今後我們依舊會繼續利用。

8. 提案書蓋章改採電子化

剛說了契約書，接下來我們來談談公司內部用的申請書吧。申請書的內容從建材的採購、做平常不砸錢做的廣告宣傳核可申請、到店鋪的裝飾品採購等等。預防不考慮 C／P 值的行為、或是將要產生多餘成本支出等狀況的發生，就是敝公司申請書的用途。

如果核可只需要一個人簽呈那也就還好，兩個人、三個人、四個人、五個人，這種需要複數成員核可的狀況，有時甚至需要花一個禮拜才能簽完。有時候我們會聽說「區公所之類的單位要簽呈一份文件大概要跑兩個禮拜」，每次聽到這種話我就不禁感到疑惑。

圖 44 數位契約用的承包契約書（第一頁）

本來你需要在這裡貼印花的，但數位契約不需要

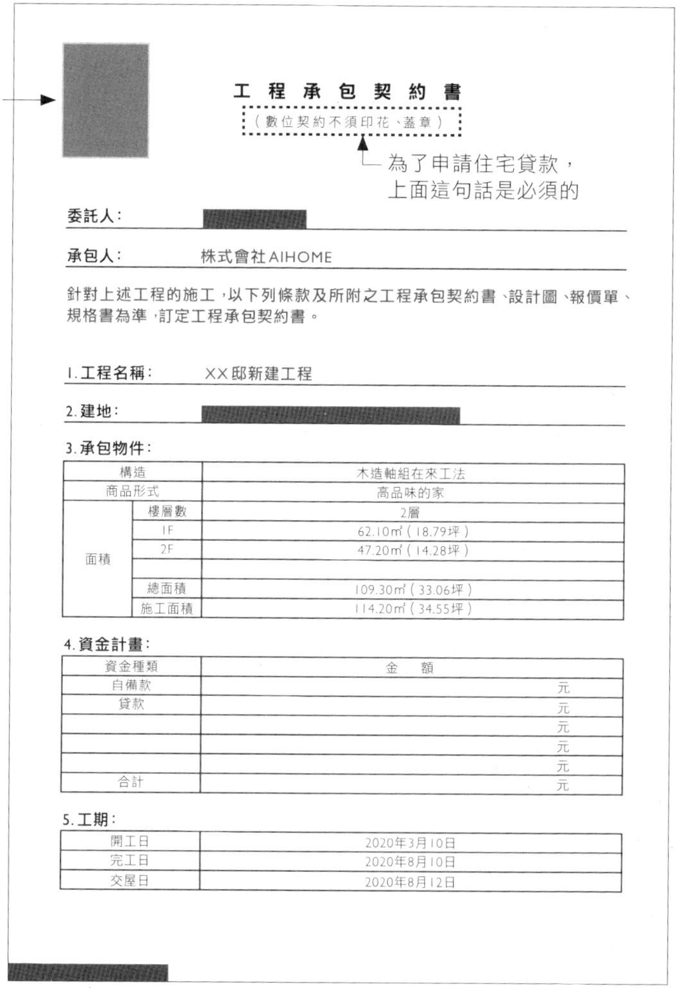

工程承包契約書

（數位契約不須印花、蓋章）

為了申請住宅貸款，上面這句話是必須的

委託人：[redacted]

承包人：株式會社AIHOME

針對上述工程的施工，以下列條款及所附之工程承包契約書、設計圖、報價單、規格書為準，訂定工程承包契約書。

1.工程名稱：XX邸新建工程

2.建地：[redacted]

3.承包物件：

構造		木造軸組在來工法
商品形式		高品味的家
面積	樓層數	2層
	1F	62.10㎡（18.79坪）
	2F	47.20㎡（14.28坪）
	總面積	109.30㎡（33.06坪）
	施工面積	114.20㎡（34.55坪）

4.資金計畫：

資金種類	金額
自備款	元
貸款	元
	元
	元
	元
合計	元

5.工期：

開工日	2020年3月10日
完工日	2020年8月10日
交屋日	2020年8月12日

[redacted]

在此會自動打上文件ID

圖 45 數位契約的承包契約書（第四頁）

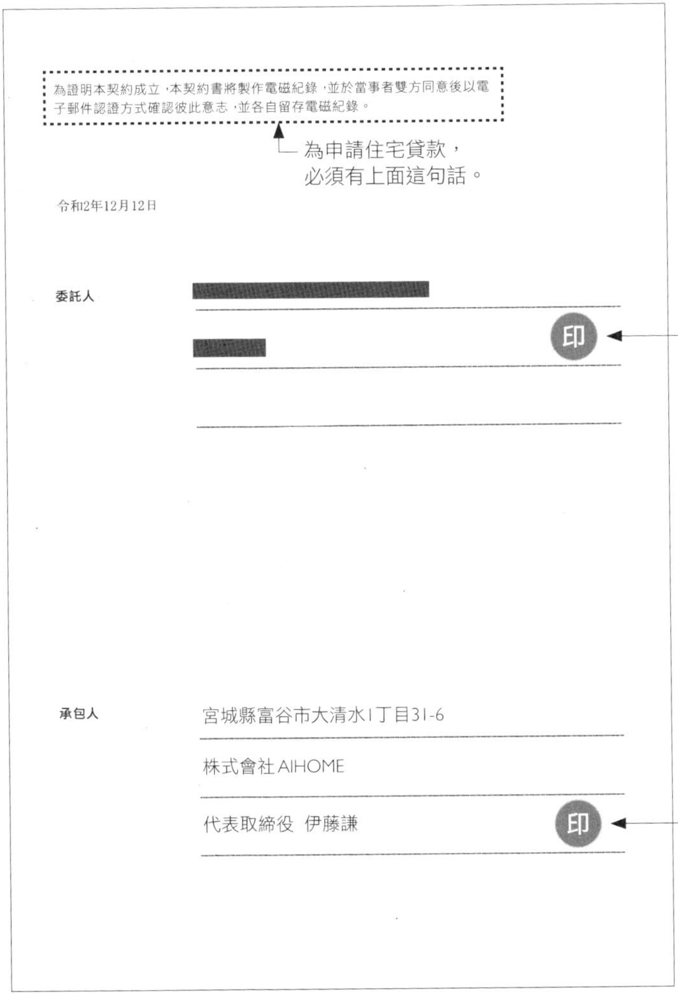
為證明本契約成立，本契約書將製作電磁紀錄，並於當事者雙方同意後以電子郵件認證方式確認彼此意志，並各自留存電磁紀錄。

為申請住宅貸款，
必須有上面這句話。

令和2年12月12日

委託人　[redacted]

[redacted]　印

原本需要蓋章，但數位契約不需要

承包人　宮城縣富谷市大清水1丁目31-6

株式會社 AIHOME

代表取締役　伊藤謙　印

原本需要蓋章，但數位契約不需要

一份文件會搞到兩週，這八成是「簽呈在誰手上卡住了」吧。**為了讓簽呈流程更加順暢，也為了讓所有人明白簽呈得到了哪些人的核可，簽呈的數位化是促進經營效率不可避免的一環。**

敝公司採用「承認 Time」（shonintime.sbi-bs.co.jp）這種系統做電子簽呈，這系統可以讓申請人的壓力降到最低，核可人不論在哪裡都可以隨時確認文件的核可進度。自從導入這項制度之後，我公司內部的簽呈所需時間只需一天就能完成。如果你的工務店還是一份簽呈需要跑一週的那種組織，只需要採用這項系統就可以一口氣提升作業效率。

9. 一人發一支 iPhone，隨時隨地都能辦公

2017年12月，我們公司所有員工一人分發到一支 iPhone，從那之後隨時隨地都可以作業。究竟一人發**一支 iPhone** 會發生什麼事情？這件事情帶給組織全體的衝擊比想像中來得大上許多，我在此誠心推薦大家應該這麼做。

當時導入 iPhone 的契機是因為 LINE WORKS，關於 LINE WORKS 我會在後面詳細說明（P.188），為了使用這個 APP，需要發給每個人一台智慧型手機。

在那之前，公司員工是每個人拿一支多功能手機，如果要跟公司聯絡就用這支公發手機聯繫。

多功能手機與智慧型手機最大的差別，在於能處理的「業務範圍」。用智慧型手機可以看設計圖、可以隨時隨地翻找名片電子檔、照片、影片等，你不再需要回了公司才能收信，收發電子郵件也變得更加即時。

最重要的是，你不再需要四處找固定電話。尤其像大公司那種同一個辦公室裡頭坐滿了人的那種狀況，有手機辦公效率差很多。分店的人打電話到總公司：「請問 ×× 部長在嗎？」「抱歉，他現在不巧離開座位。」「那我晚點再打過來。」這種浪費時間的事情一天發生好幾次的景象將不復見。

這一切都因為**一人手持一支 iPhone，而將所有聯絡通通變成直接可達**。公司內部的電話聯繫也不再需要透過固定電話，彼此聯繫不再那麼浪費時間、時間的利用也變得更加有效率。

許多來我們這裡訪問的企業負責人都會說「這環境真是輕鬆無拘束」、「看得出來橫向連結非常有向心力」。為了建造好的住宅，橫向連結必須要堅不可摧。為了打造適合彼此溝通、方便彼此溝通的最低限度環境，**一人發一支 iPhone 只是基本款，且今後這必要性將越來越明顯**。

我們並非直接購入智慧型手機，而是採用企業方案租賃，這自然是有我們的理由。若是在我們的工地現場用著用著手機出現故障，用租的會更快獲得處理。只要跟出租公司聯絡，第二天他們就會把替代用的 iPhone 給送來，這是為了將各種風險降到最低的必要措施。

眾所周知，iPhone 年年出新機，新的 iPhone 用來工作用了三年之後也會變成很舊的機子，於是我們就訂下每三年換一次新機的計畫。2020 年12月，我們將一開始用的 iPhone8 通通換成了 iPhone12。**影片與照片的好壞跟你的相機鏡頭好壞、技術進步程度有直接正相關，這也會影響到你的工作效率跟表現。**同時，換機升級也會讓你的工作速度提升、效率改善。

10. 利用聊天室來大幅降低對固定電話的依賴性

過去十年，帶給這世間最大衝擊的，莫過於聊天室交談了。**不管是用在了解顧客的滿意度、生產性、還是用在內部員工聯繫等任何一個方面，聊天室都帶來了極大便利。**在 2017 年12月公司內部實施人手一台 iPhone 時，我們同時也引進了 LINE WORKS。

LINE WORKS，就是這樣的一款聊天室溝通用軟體。你可以把它當成是給公司法人用的 LINE，但 LINE WORKS 跟個人用的 LINE 有完全相同的功能，所以你**在使用時根本不需要使用**

教學；只要做好初始設定，馬上就能上手。

自從開始使用聊天室進行溝通，我們使用電話的頻率就少到令人驚訝。當初會開始使用 LINE WORKS 的目的其實是為了「**讓對話內容留下證據以避免糾紛**」。當一棟房子開始動工，一直到蓋好為止中間會有將近一年的漫長時間；**這當中你會用電話進行各種溝通、面談，在這狀況下你想靠寫筆記記下所有內容是不可能的。所以只能將溝通轉換成另一種形式，每次對話都會留下紀錄**，在結束對話後，你甚至還可以利用各種關鍵字搜尋去翻找你的對話紀錄內容。

另外，這是提供給企業法人使用的軟體，你的所有交談內容都會被記錄下來，這使得你在對話時會產生緊張感。要是我們公司的員工說錯了話、提供了錯誤的資訊，這些都會被記錄下來，這對於顧客來說是保障。

還有一點，在建築住宅時，你總會**需要透過 LINE 交換你的個人資料**，如果你用一般的個人版 LINE 來傳送個人資料，在資訊安全上不會受到充分保障，甚至還有外流的可能性。如果個資外洩，我們根本沒辦法保護顧客安全。但 **LINE WORKS 不光是單純的溝通方便，它的資訊安全性比個人版強上好幾倍，所以你可以放心使用**。

在投入 LINE WORKS 並達成當初的目的之後，我們發現了一項意外的收穫。那就是**整體打**

電話的時間都變少了。因為用 LINE WORKS 便可不強制占用對方的時間便可同時達到溝通的效果，於是組織全體的每一個人都能更有效地進行時間運用。而且 LINE WORKS **不需要像寄電子郵件那樣打上收件人跟標題，資訊共享變得更加方便與活躍。**我們一次可以跟 5～10 人的小團隊即時傳遞資訊，共享顧客跟現場的狀況。

當然 LINE WORKS 也不是只有好處，這軟體的溝通畢竟是透過文字，所以總有難以正確傳達自己感情的時候。所以**為了取得平衡與維持良好溝通，我們還是會選擇適度透過電話與面對面交談**。或許有時候客戶對聊天軟體的使用意願並沒有你來得高，但大部分的狀況下，只要用 LINE 來溝通也就夠了。

11. 利出缺勤改用 WEB 管理，廢除打卡行為

十年前我剛進公司的時候，那時大家都還是上班固定打卡；只要將寫著自己名字的厚紙放入打卡機喀擦一聲就會打上進出公司時間。那時候還需要找人專門來做「計算上下班打卡時間」的工作，當時需要用人力處理的工作，隨著 IT 的發展，漸漸被機械跟電腦取代掉了。反之，人們便可將這部分的時間做更有意義的運用。

現在，人們要**打卡只需要上網打卡即可**（圖46）。進了公司打開電腦，按下「打卡」，這樣就完成了出勤的手續。有時你可能會直接去跑客戶或不進公司直接回家，這時你也可以在公司外選擇打卡。重要的是你幾點做了什麼工作，當這些紀錄都數位化之後，你就可以讓系統代勞計算「還剩下多少天特休」、「假日加班的部分換休哪一天補假」之類的。

別忘了，你花越多時間在計算出勤時間上頭，你就少了多少時間去認真面對顧客。**這些對顧客沒有任何利益的業務，應該盡可能縮短處理這方面業務的所需時間及所需人手，這才是應有的態度。**

我們用的出勤紀錄系統叫做 MINAGINE（minagine.jp），市面上有許多類似的系統與軟體，請大家各自研究要採用哪種軟體才最能配合自己公司的業務內容。

12. 廢除紙本印刷的薪資明細單

每個月底的發薪日，這天我們並不會發放紙本的薪資明細單，相對的，我們會提供公司員工一人一組確認用的密碼，讓他們每個月從電腦或智慧型手機上可以直接確認自己的薪資明細

圖 46 在網路上做打卡管理

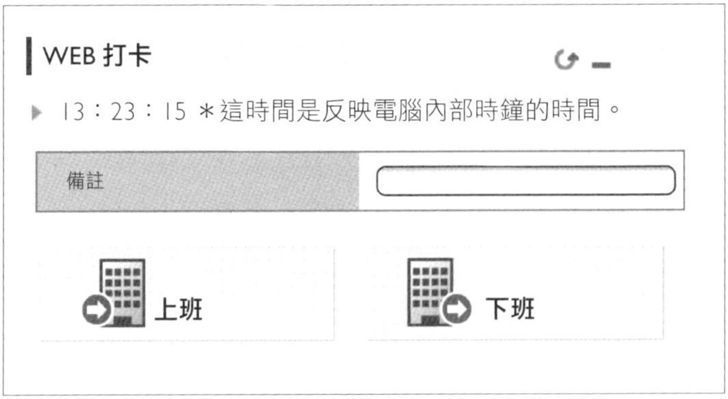

圖 47 薪資單無紙化

狀況（圖47）。

或許有些人仍會覺得每個月能收到紙本薪資單是件值得歡天喜地的事情，就像是比起電子郵件或聊天室訊息，收到一紙白紙黑字的手寫信件就是令人覺得份量不同。這種感覺我懂，也很明白這感覺的重要性，所以我也會附上一張紙親筆寫上「感謝各位的辛勞！」、「今後也請多指教！」等等。隨著IT與數位化的進步，親筆書寫的價值應該會相對提升。我喜歡繪畫，也喜歡題字，即使公司內部IT的運用再怎麼徹底，我也**想要給手繪、手寫留下一片天地**。我相信，即使是在這時代也一定有手繪手寫能發揮的地方。

如果你覺得難以拋棄既有的成見或思維，那麼不妨試試用「戒掉某種事物」來替代「嘗試某種行為」。越是經過長時間實踐的事物，當你戒掉這件事情時你能學到的東西就越多。所謂絕對性實踐派經營法則，其實也就是「嘗試某種行為」與「戒掉某種行為」的高速重複混用。

13. 每個月初拍攝社長演講影片，寄給全體社員

說到要將社長的意識傳達到每個基層員工，你會想到什麼方法？在我接下社長的棒子之前，我就不曾停止思考這個問題。如果只是每年舉辦兩次社長公開演講，讓全體員工聽社長發表

經營方針，我想這樣是不夠的。

做為社長，我每天都會吸收新資訊、認識新的朋友、思考方向也會有所進化，這些事情，我想跟每一位我的員工一同分享。

在一人發一支iPhone、用LINE能將訊息傳給每一個人這些事情之後，我想到了**每個月初向眾人發送宣傳影片的主意**。

本月發生過的好事、值得改進的事情、對未來的展望等等，大家都可以隨自己的方便挑時間觀看，每個月第一天的早上將自己編輯好的三分鐘影片發送給公司全體員工。

透過這項活動，我發現公司內部似乎每個月都會有「**與大家共享喜悅**」這樣的現象發生。即使只有少部分人理解，但我的行動已經在少部分人身上開花結果。像這樣的好事，我自然想跟每位員工分享。

透過社長感言影片，我發現不管從今爾後組織再怎麼擴張、員工再怎麼增編、幾歲加入這間公司，只要有一隻智慧型手機在手，我就能確實將我的意志傳達給每一個人。即使員工生病感冒，影片也能傳到他們手上。在此我就分享一個實例吧，我們的影片都是用InShot（apple.co/3dkCL0T）做編輯的，剪接一段影片只需要15分鐘就能完成一段最基本的影片，所以我們都用這個軟體。在這裡分享一下2020年9月底向公司內部發送的「社長感言」（圖48）。

圖 48 每月上傳的社長演講影片

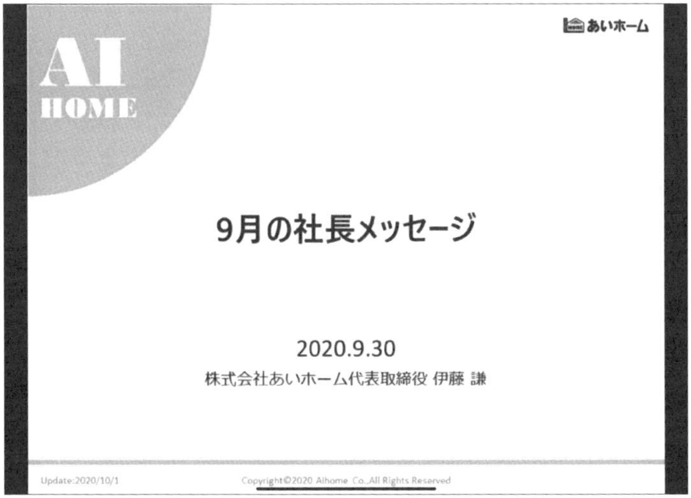

▲ AIHOME 9 月的社長感言
2020 年 9 月 30 日
株式會社 AIHOME 代表取締役伊藤 謙

回顧過去一整個月，就會確實體會到組織有所成長的感覺。努力達成的成功案例、想要與全體員工分享的喜悅、緊張感甚至是危機感都會傳達到每個人心中。真正重要的事情會透過這些影片變得更明確，下個月的行動方針就自然而然浮現，並帶給所有人充分的幹勁。

14. 提供數位版型錄

當顧客向我們索取型錄資料時，我們都會另外提供「數位型錄」的下載服務（圖49）。這麼做的原因是當顧客向我們索取資料時，就是他們最想看型錄的瞬間。當顧客在網路上填寫了資料申請表，那我們馬上就會提供數位型錄的下載連結給顧客。

如此這般，顧客在郵寄資料送到自己手上之前就能先閱覽一番有興趣的資訊，同時紙本資料後續會寄到客戶手上，自然也不需要擔心印刷費用的問題。

在顧客這邊看起來，只要透過智慧型手機閱覽數位型錄，就可以隨時截圖將我們公司網頁上的資訊給存取下來。即使有時用言語無法正確傳達彼此的意思，用數位型錄就能更清楚地傳達自己的意思。

15. 透過 GPS 即時管理公司車輛資訊

我們很少聽說有工務店會用 GPS 進行車輛管理，對於建築工地就是顧客所有土地這種職業特性來說，你一定會需要開車來往於工地與公司之間。特別是做現場監工的人，在考量每天

圖 49 立刻提供數位型錄

AIHOME

感謝您發送資料申請！

對於提出資料申請表單的顧客，我們會優先提供數位型錄。

您所申請的資料會在各分店確認後立即送抵您的手中。

在資料送達前還請您稍候。

＊線上瀏覽型錄所使用的網路封包費用將由顧客負擔，同時依網路狀況不同，讀取可能較花時間。

＊資料僅供閱覽，無法提供下載。

如欲閱覽數位型錄，需要事先獲得密碼。

密碼將發送給提交資料申請的顧客，如需閱覽資料，請填寫資料申請表單。

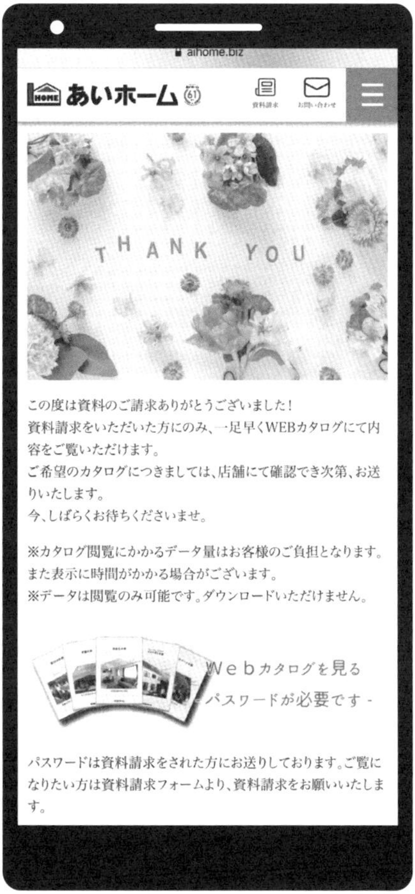

時間的分配時，驅車通勤的時間一定佔得最多。比起人在現場監工的時間，更多的時間都花在了開車移動上頭。

我們公司雖然在十年前就已經投入了以 GPS 進行車輛管理的系統，可是當時的初期成本實在是太過高昂。雖然投入門檻實在太高，不過**為了讓少數人組成卻有高生產性的工程部門上線運作，公司還是砸錢做了這項投資**。

十年後的今天，運用這項技術所需的成本降低，用 GPS 管理車輛資訊也變得輕而易舉。目前我們所使用的系統是 SmartDrive Fleet（smartdrive.co.jp）（圖 50）。

簡單介紹一下我們公司的運用實績吧，2019 年公務車的**全年累計移動時間是 15,258 小時**，以距離來說，是 524,960 公里。看看用在「移動」上的時間有多可觀。

若是真想改善生產力，就得認真考慮移動時間在整體工作時間當中佔的比例。

並不是在感覺上覺得說「移動所用的時間變少了」即可，而是要落實在數字上，認真思考如何將移動時間有效地與品質提升、顧客滿意度直接連上線。

要是沒有 GPS 管理車輛資料，你根本無從掌握誰花了多少時間在移動上。如果你真心想要提升整體生產力，這點就是你必須跨越的坎。

此外，移動也是有風險的，為了避免疲勞駕駛造成事故，公司規定只要覺得疲勞想睡馬上就

圖 50 將車輛運行的即時資料可視化

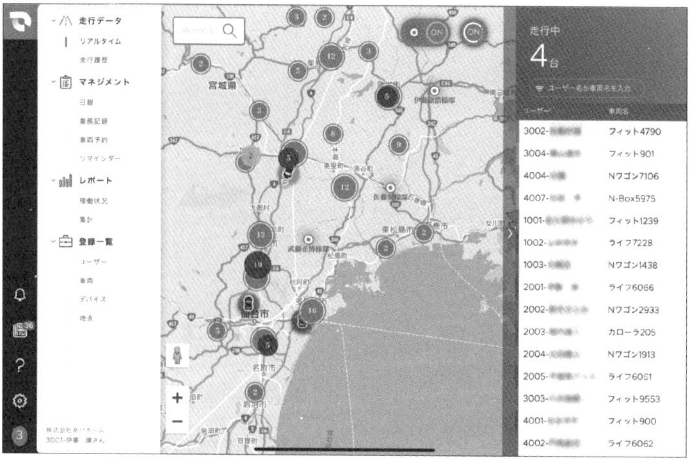

把車停在路邊休息。

我們不需要員工拼命縮短移動時間、開快車，疲勞駕駛對任何人都沒有好處。

重要的是**客觀理解員工移動所花費的實際時間**，實際紀錄之後大部分人都會感到移動時間比自己想像中來得長；而且，安全駕駛的積分（譯註：日本保險公司提供的交通保險制度，隨著積分數字累積，保險金可得到部分優惠）也可以順利累積，何樂而不為？

在我公司負責交屋後服務的伊藤，曾受 SmartDrive 公司依照其安全駕駛積分進行表揚（圖 51）。要是因為交

圖 51　因安全駕駛而受表揚的員工

SmartDrive Fleet
あいホーム
株式會社 AIHOME 從其他服務改用敝公司服務所展現出的「對安全駕駛的重視」
コスト削減
安全運転強化

通事故而導致無法繼續工作，那就太沒有生產力了；為了保持長期不發生事故的環境，使用 GPS 管理車輛即時資料勢必不可少。

16. 將建築工地管理表 WEB 系統化

為了管理現場的狀況，應該有很多工務店都會用 Excel 來做這項工作。如果是積極使用雲端服務的工務店，或許有些還會用到 Google 的試算表。

敝公司至 2018 年為止用的都是 Excel，當顧客與我們簽約後馬上就打進 Excel，與顧客的交談內容、地盤調查、建築確認申請、開工、上梁、檢查等日期都會輸入在這份進度管理表裡頭。

你或許會覺得有 Excel 也就夠了，但這一個表長期使用下來，裡頭存入的資料量過於龐大，最後就會導致一般大家所謂「Excel 壞掉了」的狀況出現。

再者，一份資料由複數人進行輸入與存檔，這便需要去安排每個人輸入資料的時間。

以管理建築工地現場的資料而言，這可以說是工務店最重要的資料也不為過。為了因應這些問題，我開始構思「系統化」的可行性。

所謂系統化，便是自創一套公司特有的系統去管理現場施工進度。由於**這個系統是專屬自家公司所用，不會有多餘項目存在，而且資料存取上遠比 Excel 來得安全可靠。**自從我們改採自家特有系統，再也沒碰過資料壞掉的事情發生。

在系統化時，我們採用的是 forguncy（www.forguncy.com）（圖52）。

這項服務即使是對於不懂程序編程的人也能自創一套系統出來，**我公司的員工就靠著自己的智慧與努力，不假外人之手，做出了建築現場管理表。你可以一邊投入運用、一邊進行改良，**最終就能完成一套最符合實際業務需求的系統。

我在 2018 年 5 月找到了 forguncy 這項服務，並且很快就決定了要加以投入內部管理流程。7～8 月我們在公司內部進行自主研發，到了 9 月就正式上線了。**由於操作介面與**

圖 52 公司內部設計的現場進度管理表

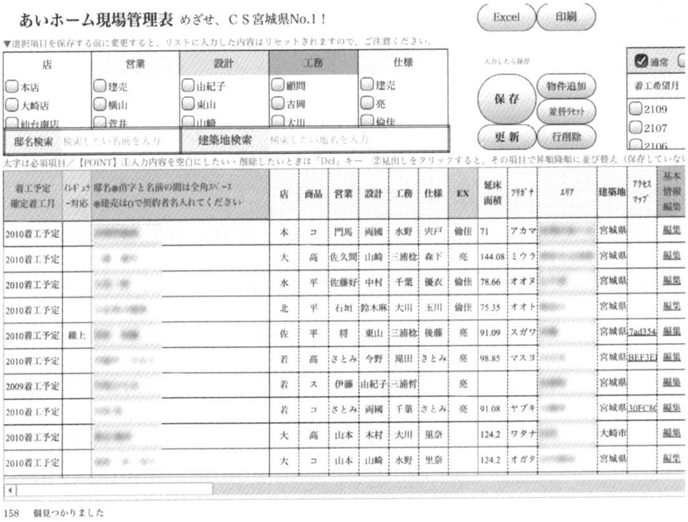

あいホーム現場管理表 めざせ、ＣＳ宮城県No.1！

▼選択項目を保存する前に変更すると、リストに入力した内容はリセットされますので、ご注意ください。

太字は必須項目／【POINT】①入力内容を空白にしたい・削除したいときは「Del」キー ②見出しをクリックすると、その項目で昇順降順に並び替え（保存していない

着工予定 確定着工月	イレギュラー対応	邸名※苗字と名前の間は全角スペース ※建売は0で契約者名入れてください	店	商品	営業	設計	工務	仕様	EX	延床面積	フリガナ	エリア	建築地	アクセスマップ	基本情報編集
2010着工予定			本	コ	門馬	両國	水野	宍戸	倫佳	71	アカマ		宮城県		編集
2010着工予定			大	高	佐久間	山崎	三浦稔	森下	亮	144.08	ミウラ		宮城県		編集
2010着工予定			水	平	佐藤好	中村	千葉	優衣	倫佳	78.66	オオヌ		宮城県		編集
2010着工予定			北	平	石垣	鈴木麻	大川	玉川	倫佳	75.35	オオト		宮城県		編集
2010着工予定	繰上		佐	平	将	東山	三浦稔	後藤	亮	91.09	スガワ		宮城県	7ad354	編集
2010着工予定			若	高	さとみ	今野	滝田	さとみ	亮	98.85	マスヨ		宮城県	BEF3E	編集
2009着工予定			若	ス	伊藤	由紀子	三浦哲		亮				宮城県		編集
2010着工予定			若	コ	さとみ	両國	千葉	さとみ	亮	91.08	ヤブキ		宮城県	30FC8	編集
2010着工予定			大	高	山本	木村	大川	里奈		124.2	ワタナ		大崎市		編集
2010着工予定			大	コ	山本	山崎	水野	里奈		124.2	オガタ		宮城県		編集

158 個見つかりました

▲ **AIHOME 現場管理表** 目標是客戶服務宮城縣 No.1 ！

最重要的情報應設計成讓所有相關員工都方便編輯、方便確認內容的型態。所以這張圖也是經過無數次的修改，只有在長時間的實際使用下不斷進行改善，才能打造出最具實用性的系統。所以在投入一項新的系統之前，必須要以將來可以持續更新修改為前提。「資訊共享」四個字嘴上説起來很簡單，實際做起來可是難如登天，是必須長期努力投入的領域。

Excel 看起來相當雷同，很快的這套系統就已經融入公司員工的日常。

在這裡提供一個簡單的判別方法，如果你一年蓋的房子不超過50棟，那與其自創新系統，不如**先買既有的「建築工地管理系統」來得快些**。如果一年的建築數量超過50棟，那麼自創新的管理系統在成本控管及現場生產力上面就會比較有利。

17. 將寫在白板上的行程表改成線上化

我有時候會去其他同業工務店拜訪，常會看到他們掛在牆上的白板記錄著各種預定計畫管理的內容。我們也會做同樣的紀錄跟管理，只是現在我們都放在線上，所有預定計畫管理通通用線上白板做紀錄（圖53）。

白板的目的，在於將自己外出的預定行程與公司內部做共享。你人在公司還是外出、你人在外面哪裡，這些都要盡可能明確記錄。大概幾點回公司、上班不進公司直接去跑外務、在外面忙完不回公司直接回家等等這些都要記錄在白板上，一目瞭然。

要是沒了這個白板，你要找人就得找翻天了，每次找人都得問現在在哪裡在做什麼，還要多久才回公司。這些作業，我們現在都用 forguncy 來進行系統化。

圖 53 線上白板

正因為我們**連這些細節資訊都要共享，團隊才更加合作無間**。不管你採取什麼樣的手段方法都可以，為了讓組織運作更順暢，如何完美進行資訊共享就是最大的關鍵。

18. 將匯聚公司內部改善提案的方法IT化

根據我個人的經驗來說，公司組織改變的契機，**通常僅僅起於一名內部員工的小小善意及其所提出的改善提案**。所以組織應該要準備一條可以隨時讓員工上達天聽的管道，當員工覺得「這部分應該要加以改善」時，公司要隨時準備好傾聽員工的聲音。

從我進公司時，公司就已經有「改善提案制度」，每年約有500件的改善提案呈報，並在審核過後付諸實施。

說是改善提案，也有分細部改善與大規模改善；任何一項改善提案的出發點都是良善的，所以我們不會否定任何一項提案，總之就是希望大家多多提出意見。

至於提案的流程，過去我們曾在會議上直接口頭發表提案，至於現在，我們則將這些都轉到了線上，並且加以整理統計（圖54）。另外，我們整理用的是之前提到的 forguncy 開發出來的系統。

改善提案件數越多，越能提升大家對公司的認同與愛護，身為社長也可以更加理解公司內部自己至今為止沒注意到的一面。這種內部管理方法好處多多，應該盡量發揮。

說實話，雖然改善提案多達500多件，但你要真問我是否全都實踐了，我也只能汗顏說還沒全部做到。現在真正重要的，是面對「實踐追不上提案」這項現實。

寫到這裡，有件事情是我可以拍胸脯保證的，那就是我並沒光挑成功案例出來講。

對於閱讀本書的讀者來說，最有價值的部分應該是分享我搶先將新的方法付諸行動的經驗成果，而這條路我今後也將繼續走下去。

圖 54 累計改善提案的系統

あいホーム

カエル!

改善提案システム

2020年の改善提案数： 639 件

改善提案一覧・登録

部署	件数
本店	67
大崎店	39
若林店	60
水族館前店	56
加美店	0
佐沼店	60
工務部	63
設計部	30
総務部	2
購買部	52
EX事業部	53
不動産コンサル	6
平屋北	74
平屋南	47
PM室	29
CS部	0

	名前	部署	件数	目標
1	相原	水族館前店	5	
2	青木	総務部	2	12
3	秋山	PM室	9	16
4	阿部朱	EX事業部	12	10
5	阿部	工務部	9	24
6	阿部倫	EX事業部	7	15
7	石垣	平屋北	49	50
8	伊勢野	平屋南	5	
9	社長	不動産コンサル	0	77
10	伊藤将	佐沼店	10	24
11	伊藤崇	若林店	9	15
12	伊藤竜	CS部	0	15
13	伊藤亮	EX事業部	11	30
14	江刺	購買部	10	12
15	大川	工務部,大崎店	9	12
16	太田	若林店	13	24
17	尾形	大崎店	0	
18	菊地	PM室	13	10
19	喜多	PM室	7	25

19. 用智慧型手機將施工中的工地「視覺化」

建築完工後，牆壁內部、混凝土的內部就再也看不到了。所以如果同樣是每天前往建築工地親眼確認工作人員的工作成果與進度，結果蓋出來的品質卻有極大差異，這時候的問題就應該是出在工地現場監督的個人能力身上了。站在現場師傅的立場來說，與其一整天被監督盯著看自己做事，不如一大早把該溝通的內容說清楚了就放師傅自由去完成進度來得好。

為了搭建高品質的住宅，你可以使用確認清單將跟品質有關的部分全部列成表去做確認，這是過去我們所知的處理方式當中最完善的方法。**但對於各項重點的確認方式卻有了劃時代的改變，那就是在工地每天的工程進度中使用智慧型手機攝影來做確認工作**（圖 55）。

誰負責拍這些照片？其中 80％是負責這些作業的師傅們，剩下 20％有關品質的重要部分，則由現場監督拍下最關鍵的照片。在智慧型手機普及前，我們是用相機拍照，拍完之後傳入電腦再進行檔案管理。

自從有了智慧型手機，這項作業就此改頭換面。

現在拍完照就沒你的事了，**因為拍照用的是專用的攝影 APP，拍完直接就會上傳並且跟現場監督資訊共享**。跟以前資料還要傳到電腦的時代相比，現場的「可視化」有了飛躍的進步。

假設今天在建設途中，顧客來問進度。這時候你可以**透過手上的 APP 馬上了解整體建築狀況**，回答客戶的提問又快又實在。照片的內容，**基本上都是在完工後便再也看不到的內層部分。在顧客入住之後，還能留下大量照片證明工程是如何進行的，這點就很有意義**。

建築工程雖然花了幾個月，但你只要透過一張張照片就能確實看到師傅們一點一滴施工的痕跡，每天的工程進度就像是師傅巧手堆砌出的作品一般。雖說公司規定現場每天都要拍很多照片，不過這每一天的紀錄照片都是可以證明師傅們有在確實工作的證據。

我們用 Kizuku（www.ctx.co.jp/kizuku2_pr/index.html）這個 APP 拍照，**平均蓋一棟房子要拍**

150張以上的工程照片。對顧客而言，這種可以讓顧客對現場作業感到放心的體制值得我們繼續執行。

20. 把APP的版本統一化

工務店活用IT時有件事情不可忘記，那就是**所有人用的APP版本必須統一**，要是版本不一，可能按鈕配置就會有所不同，甚至是內容功能有所差異。

以Excel為例，Excel 2013與Excel 2019的機能操作與按鈕就不一樣。如果是本來就很熟這些東西的員工那或許還好，但若是要說明操作方式的時候所有人手上拿著同樣內容的玩意，說明起來自然簡單許多。

所有人手上同樣是拿著iPhone，iPhone裡頭裝的APP最好也能全部都統一。像Word、Excel、PowerPoint這些微軟系的軟體原本都是買斷制的，直到最近開始改成**「訂閱制」這種每個月固定付款的方式**；每個月按照使用人數付月費，這樣所有人手上都會拿到最新版本的軟體。如此因版本不同所造成的失誤不會再發生，對眾人說明時所需的工序（時間、勞力等）也能減少。

圖 55 每天工地現場的師傅拍攝下來的現場照片

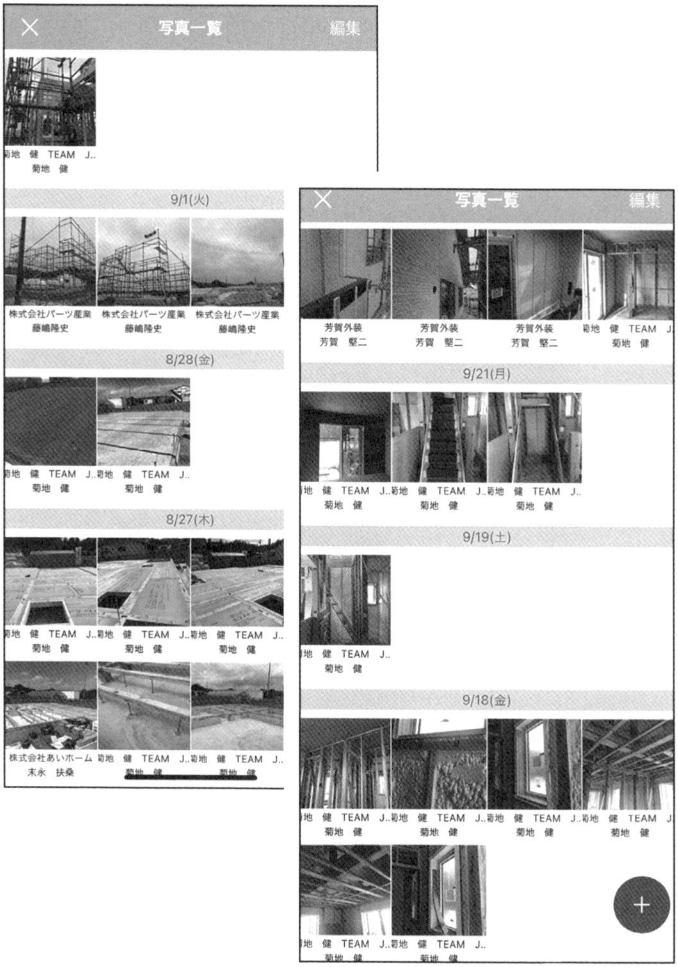

21. 徹底活用雲端儲存

當我們在考慮要將公司內部伺服器轉到雲端伺服器的時候，曾經在幾個選項中猶豫了一陣子。我們在「Google Drive」、「Box」、「Dropbox」三個選項當中考慮了一下，最後選擇了Box（www.box.com）。

我在第二章也提過的，只要將資料移到雲端管理，你就能隨時隨地存取你的資料（圖56）。不只如此，在資訊安全面也可以得到強化，所有檔案移動都會留下紀錄，你可以藉此防止公司內部有人舞弊。這種超大型公司在用的雲端服務現在就連中小企業也可以負擔得起，這也算是月費制的好處。

容量無限的雲端服務有很多種，但Box提供的「對外連接」功能非常適合我們公司，所以我們加入了這項服務。當然要是你想用其他的雲端儲存也沒問題，這些類似的服務基本上都能對你有正面幫助。你不但隨時隨地可以連線到公司內部資料，同時也可以**確保資料不會外洩的資訊安全體制與早期監控制度**。

22. 名片管理數位化

因為古早留下的習慣，至今大多數人仍然習慣使用卡片尺寸的名片進行交流。也因此，不少人還是會為了名片的收納整理傷腦筋。

不知道從何時開始，名片的管理**除了紙本實體的管理之外，也可以採用數位資料進行管理了**。你當然也可以繼續用紙本一張張儲存分類，但這樣始終沒有數位版本關鍵字搜尋來得快速方便，而且為了整理紙本名片，你得多花時間自行處理，實在有點跟不上時代。

我們用 Evernote（evernote.com/intl/jp）跟 ScanSnap（scansnap.fujitsu.com/jp）進行數位名片管理。

由於是使用數位資料進行管理，你可以用營業團隊為單位進行名片管理，公司名稱、電話、姓名搜尋也都不成問題。只要想找某張特定名片，**搜尋下去一秒就能找到**（圖57）。現今這類名片數位管理系統在市面上也有不少，各位請自行選擇適合自家公司的系統。為了實現無紙化政策，就從名片開始吧；從今以後，你不再需要整理名片，也不再需要四處尋找名片。

圖 56 透過雲端服務「Box」，在公司內外都可以直接連上線

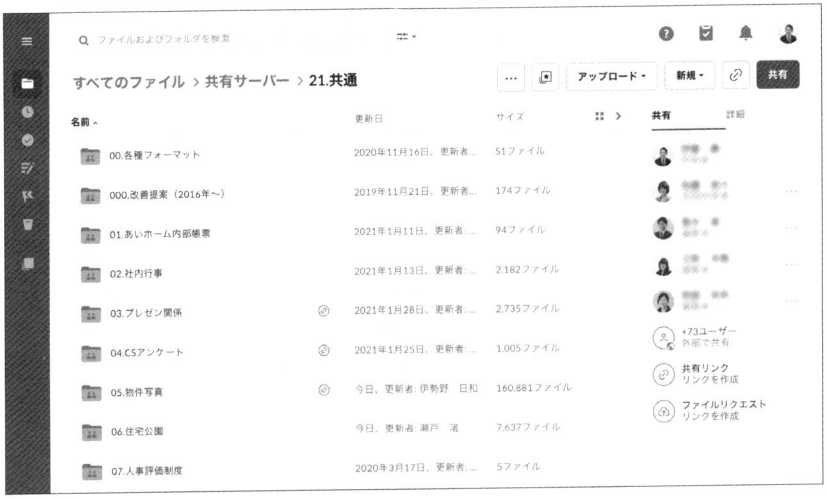

設計圖、報價單、契約書、照片、短片等，企業所需的一切檔案都可以保存在雲端。Word、Excel、PowerPoint 等檔案在何時被誰變更過都會自動留下紀錄，這也算是資訊安全對策的一環。公司外部的攝影師拍下的照片，也可直接用 Box 交付，這真的是最棒的對外合作手段。

23. 開發設計圖的數位搜尋系統

或許有人會以為住宅的設計圖是完全從無到有畫出來的，其實不然，住宅的設計圖，是「找」出來的。拿一整間工務店來看吧，你覺得一間工務店每年會畫多少設計圖？以我公司來說，我們每年會為了１０００個建案去畫新設計圖。

一年一千張，十年就是一萬張設計圖；根據你建案的土地，可能會在設計上做些更動，但要是你手上有一萬張設計圖，裡頭總會有一張圖是跟你現在建案土地能配合上的。

對初次自建住宅的顧客，我們在聽取顧客需求之後，會從過去的設計圖當中抽取出幾張給顧客參考。這不是強迫推銷，而是為了讓顧客能夠從中找到內部隔間設計的概念，這樣他們才能構思出更理想的住宅生活並向我們提出自己的細部需求。

拿出這些設計圖，是為了讓顧客能夠更具體地想像他們所要的隔間方式，這樣我們才能從顧客那邊得到更具體的需求方向。

所謂設計圖搜尋，並不是像產品型錄那樣用紙本去找，而是**將設計圖數位化之後，依照坪數、道路方向、建築物特徵等要素去搜尋**（圖58）。這樣你跟顧客坐下來談個五分鐘你就能搜尋出幾張符合關鍵字的設計圖，一句「我這邊有幾張能做為您居住生活參考的設計圖，給

圖 57 用 Evernote 一秒就能搜尋到想要找的名片

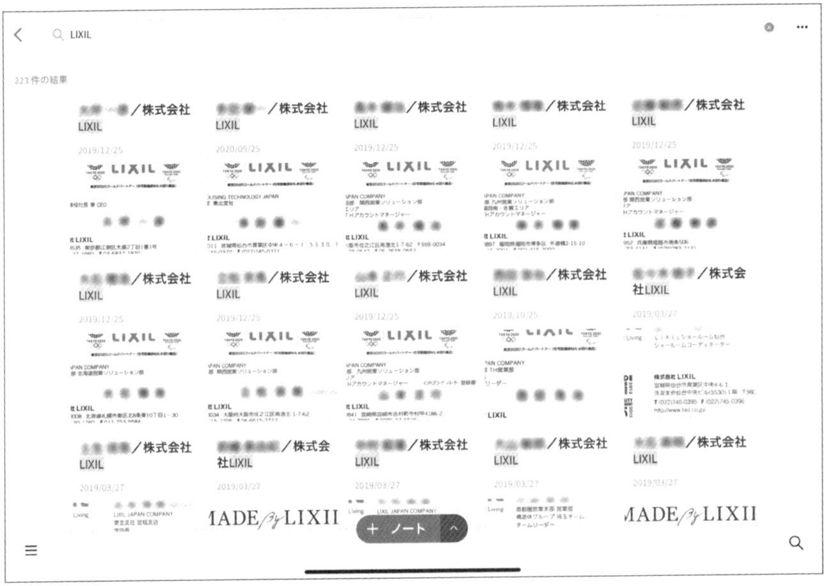

用桌上小抽屜收納名片、隨需求去翻找抽屜，有時候甚至還會找不到想要的名片，這時候就會花更多時間去尋找，最終導致浪費許多時間。用數位化管理，這一切的麻煩都會消失，每次收到名片只要丟進掃描器即可。同時因為名片資料做成了數位化，要跟其他人分享資訊也很簡單，以往花在名片上的時間藉此可以壓縮到最小，以組織來說效果非常好。

您看看」，展開設計圖，就能跟顧客繼續詳談更多細節。

將來我希望能公開這項搜尋系統，讓顧客有興趣的人自己去搜尋內容。這樣他們即使是在自己家裡也能隨時描畫自己的理想住宅隔間，**跟我們工務店業者商談的時候也能談得更具體內容更有意義**。會選擇自建住宅的顧客是很認真的，所以我們也希望盡可能提供各種方便的工具，來配合並滿足顧客的需求。目前為止，這點我們用 Evernote 做到了。

24. 將 Excel 統計自動化

在客觀把握自家公司的現狀時、設定目標時、回顧過去時，一定會用到數字。

在業務負責人將資料輸入後，馬上就自動由系統將資料轉化為「圖表」及「數字」。輸入 Excel 的業務負責人不再需要負責統計業務、省下來的時間可以用在能讓顧客直接感到滿足的業務上。這肯定能造成經營的效率提升，同時也再也回不去那個必須自己統計資料的年代。

對於那些無法數值化的東西，便難以制定下一項具體對策；反過來說，**我認為無法數值化或具體量化的東西就等於是無法改善的事物**。

業務員與顧客商談的件數、本月接單的件數、本月提出的建築確認申請件數、至今為止交屋

圖 58 設計圖的搜尋系統

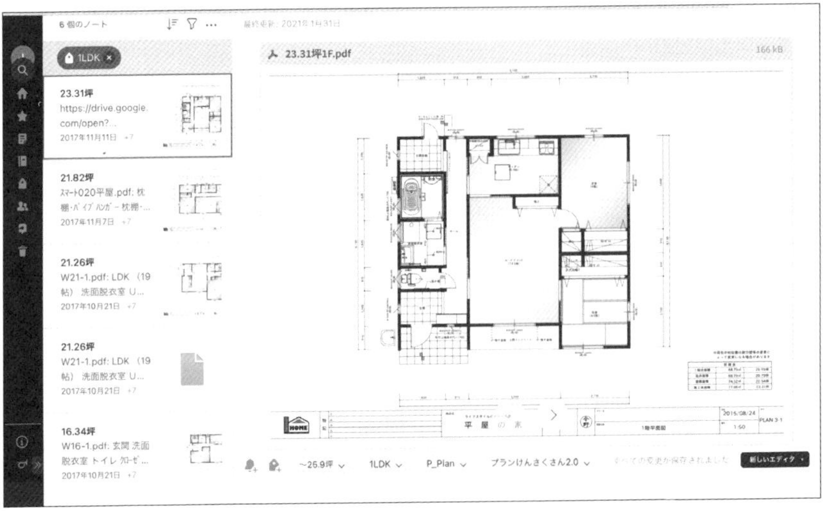

面積、隔間方向、隔間特徵、製作日期等都可以做為搜尋關鍵字。由於這每張圖都是過去與顧客深入研討之後才留下的「住宅隔間實例」，所以這些可說是顧客與我們一起打造的心血結晶。根據顧客要求馬上找出最貼近的設計圖，從顧客來店的初次面談就能直接深入談到隔間的具體要求。如果你只有十張設計圖可以做參考，那端出紙本當然沒什麼太大問題，但今天要是有一萬張設計圖，你不可能還拿著紙本出來跟客戶聊天。

的件數等等，這些件數每個月底或是每三個月一次會由業務負責人進行統計並轉化為數字。上個月的統計數字要出爐可能就得花上半個月，在這時候如果統計稍微遲了點，那麼你可能就得被迫在無法迅速採取對策的情況下迎接下個月……。這種惡性循環甚至有可能會不停持續下去。

我開始思索有什麼對策可以自動即時進行資料統計，實現擺脫 Excel、自動即時統計的理想。只要能做到這點，**在業務負責人輸入資料後馬上就可以看得到統計數字**。只要即時的業績數字能在業務負責人輸入後馬上就能轉成報表，那經營層的判斷速度就可以得到極大提升。因為隨時可以掌握最新數字，每個月結束的時候馬上就可以對下個月的方針進行修正。你**再也不用卡在那邊等報表，工務店的經營政策也可以確實活用所收集到的數據。**

我們用 Salesforce（www.salesforce.com/jp）做自動資料收集跟分析（圖 59）。

25. 訓練所有員工的盲打能力

有關電腦打字能力，我積極推動全公司員工都要能做到盲打（譯者註：打字不看鍵盤）。這

圖 59 藉由自動收集資料以達到業績即時可視化

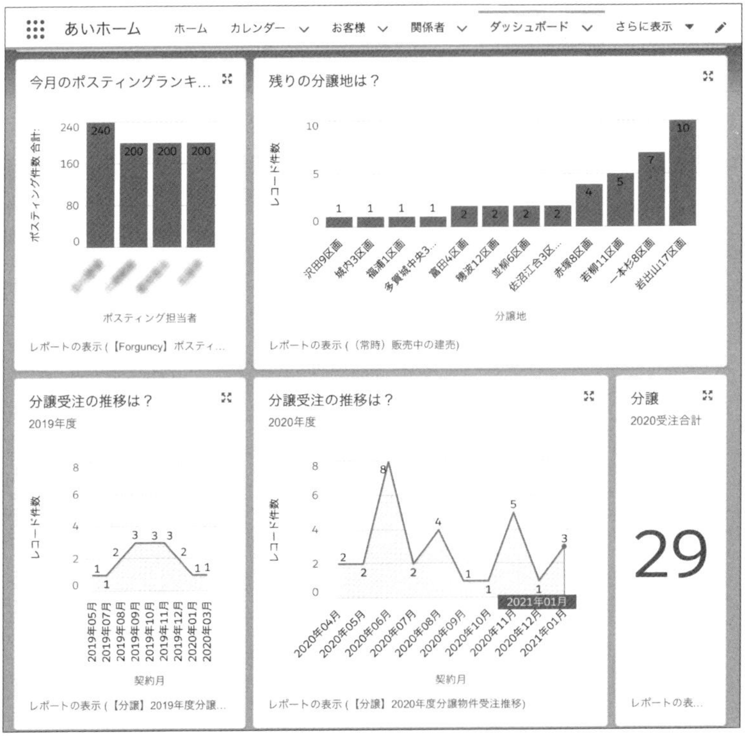

在業務負責人將資料輸入後，馬上就自動由系統將資料轉化為「圖表」及「數字」。輸入 Excel 的業務負責人不再需要負責統計業務、省下來的時間可以用在能讓顧客直接感到滿足的業務上。這肯定能造成經營的效率提升，同時也再也回不去那個必須自己統計資料的年代。

沒啥了不起的，但能做到這點就能**提升所有工作的效率**。

比如說，你需要寫電子郵件給顧客跟廠商、你需要跟顧客用聊天室溝通聯繫、你需要自己做資料，這些全都會用到電腦打字。在我決定徹底活用IT時，就設定了全公司員工的打字速度要求標準，而且是「**如果達不到標準就要重考**」，就這樣持續了兩年（圖60）。這跟年齡、公司資歷完全無關，所有員工都要朝著同一個目標努力。當時已經年過六十的前任社長帶頭拚打字速度，這也促進了整個組織的IT能力得到飛躍性的提升。在此，我推薦ICT proficiency檢定協會的**免費打字練習**（www.pken.com/tool/typing.html）。

有趣的是，考試時我看到有人拼命用「一陽指」，只用左右手的食指打字，也看到有人在打字考試時因為太過緊張手指發抖結果打錯字的。

即使如此，持之以恆，分數總是能得到改善；現在這項訓練已經成了公司新進員工的新人訓練項目之一。強制員工去強化他們的打字速度，最終將成為員工本人一輩子的財產。

那些明明寫電子郵件或用聊天室幾句話就能解決，卻一定要靠電話聯絡的人，大多有著不擅長盲打的特徵。**克服自己不擅長的事物，這件事情如果是大家一起來做的話，便不會那麼痛苦，甚至還可能從中找到些樂趣。**

再重申一次，這是可以受用一生的技能，應該盡早學會。

圖 60 挑戰盲打檢定

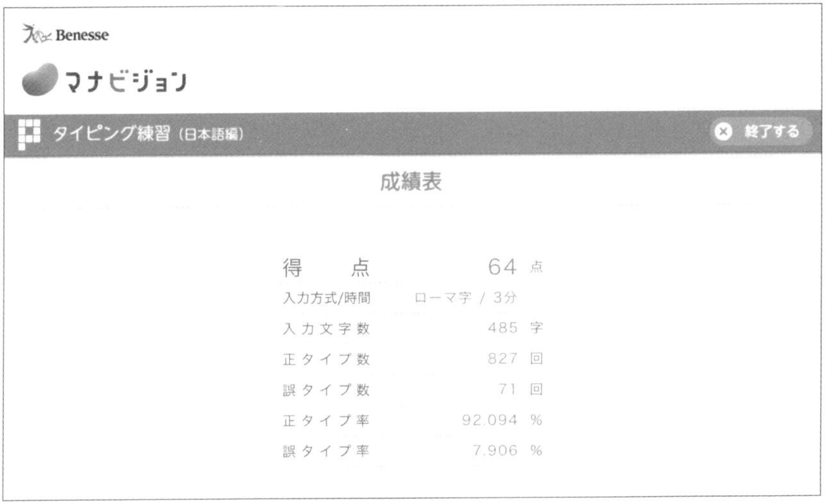

26. 訓練所有員工取得MOS

要想**讓員工技能有所提升，「讓全體員工一起來」是非常有效的手段。**

像是想讓大家徹底學會Word、Excel、PowerPoint等軟體的操作，我就讓所有員工去接受MOS（Microsoft Office Specialist）的訓練。

我跟員工約好了合格者有賞，所以年輕員工幾乎都很早就合格了，即使是不擅長的人，也有些人拼命努力在期限內過了關。這種所有人一起朝同一個目標努力的狀態會產生一種連帶感，此時分清楚誰擅長誰不擅長就很重要，讓擅長的人去教導不擅長的人就可以有效解決這個狀態。比起藏拙，**願意讓大家知道你哪裡不擅長又願意努力試圖克服，這才是理想的組織文化。**

27. 將師傅的輪班表作成線上系統

在思考房子是誰蓋起來的時候，不可忘記沒有師傅就蓋不成房子這件事實。換句話說，工務店的經營手腕高不高明，就看是否能「均質均量安排師傅一整年當中的工作」。

隨著住宅的規模，所需的工期也會有所變化；師傅每個人的技術也有個人差異，這也會影響需要的工程時間。根據各種可能造成變化的要素，你必須做的預測排班不是一個月，而是三個月甚至是四個月的排班表。

如果你用紙筆進行計算然後去排班，那不管給你多少時間都不夠用。只要靠數位化，你甚至可以將每天都可能產生變化的下包廠商排成都給他在短時間內安排出來（圖61）。

讓「師傅的施工預定」與「建築工程的整體預定」結合在一起，然後你就可以安排「上梁預定時程」了。

靠網路系統化的強大功能輔助，你不但可以以現場監督或每個師傅為單位進行排程確認，在安排預訂外的工程時也能更快做出反應。這部分的系統化我們靠 Forguncy 解決。

在我公司內部，我們每個月10號左右就會召集內部員工確認他們對接下來三個月的開工需求。之後再依照全體建築件數以及師傅的人數作調整，然後安排上梁的時間。只要確定了上梁的預定時間，所有相關工程人員都可以照著那個日期去安排準備，這樣就可以確保開工及工程能如期進行。

28. 線上化你的工程促進會議

所有工程的安排與器材的訂購應該集中由同一個單位處理。明明是同一間公司，訂購材料的人卻分成好幾個人當窗口的話，不但會害對方搞混出錯，同時還會對節約成本造成負面效果。就另一方面來說，**整體所有工程的計畫安排不該交由每個現場的現場監督，而是由公司統一對每個現場的開工計畫做統籌，這樣才容易達到工程的平準化。**

在肺炎爆發前，我們就會將總公司與其他據點串連起來，每個月舉行一次「工程促進會議」，

圖 61 師傅的排班系統

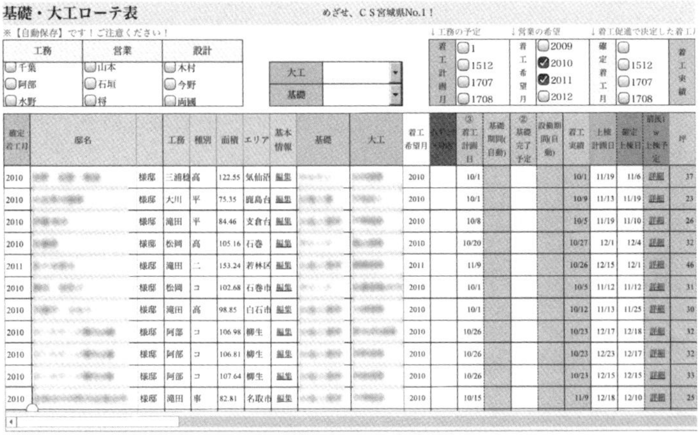

基礎・大工ローテ表　めざせ、ＣＳ宮城県No.1！

※【自動保存】です！ご注意ください！

工務	営業	設計
千葉	山本	木村
阿部	石垣	今野
水野	将	両國

大工　基礎

↓工務の予定　着工計画月：1 / 1512 / 1707 / 1708

↓営業の希望　着工希望月：2009 / ☑2010 / ☑2011 / 2012

↓着工促進で決定した着工月　確定着工月： / 1512 / 1707 / 1708　着工実績

確定着工月	邸名		工務	種別	面積	エリア	基本情報	基礎	大工	着工希望月	[illegible]	③着工計画日	基礎期間(自動)	②基礎完了予定	設備期間(自動)	着工実績	上棟計画日	確定上棟日	[illegible]	坪
2010		様邸	三浦稔	高	122.55	気仙沼	編集			2010		10/1				10/1	11/19	11/6	詳細	37
2010		様邸	大川	平	75.35	鹿島台	編集			2010		10/1				10/9	11/13	11/19	詳細	23
2010		様邸	滝田	平	84.46	支倉台	編集			2010		10/8				10/5	11/19	11/10	詳細	26
2010		様邸	松岡	高	105.16	石巻	編集			2010		10/20				10/27	12/1	12/4	詳細	32
2011		様邸	滝田	二	153.24	若林区	編集			2011		11/9				10/26	12/15	12/1	詳細	46
2010		様邸	松岡	コ	102.68	石巻市	編集			2010		10/1				10/5	11/12	11/12	詳細	31
2010		様邸	滝田	高	98.85	白石市	編集			2010		10/1				10/12	11/13	11/25	詳細	30
2010		様邸	阿部	コ	106.98	柳生	編集			2010		10/26				10/23	12/17	12/18	詳細	32
2010		様邸	阿部	コ	106.81	柳生	編集			2010		10/26				10/23	12/23	12/17	詳細	32
2010		様邸	阿部	コ	107.64	柳生	編集			2010		10/26				10/23	12/15	12/15	詳細	33
2010		様邸	滝田	事	82.81	名取市	編集			2010		10/15				11/9	12/18	12/10	詳細	25

針對三個月、四個月後的工程定期進行討論。每個據點的討論時間大概是10分鐘，就算所有分店通通發言，加起來總共也就兩小時左右就會結束。現在我們用Zoom進行線上會議（圖62），**會議內容都會錄影存檔，即使沒能來開會，事後也可以從存檔確認會議內容。**

29. 活用LINE的問卷機能

在找外部企業講師來上完課、做完了員工研習之後，為了確認一下大家上課的效果，我們會讓員工填寫問卷。同時，在公司做內部決定時為了聽一下「公司內部的聲音」，我們也會藉問卷來做為判斷依據之一。在這些狀況下，我們用的問卷通常是**手機就能簡單回答的公司內部問卷**。

我們平常用的 LINE WORKS 就有問卷功能，這功能簡單方便，我們很常用到它（圖63）。你可以設定成匿名問卷，或是設定收到回答之後馬上就將答案統計做成圖表，或者是要做其他利用也都可以。藉這些機能，用智慧型手機進行溝通將變得更加簡單方便，我們應該徹底利用這些便利機能，讓公司內部的聲音即時傳達到經營層的耳朵裡，帶動公司改革。

30. 使用無人機拍攝影片

嘗試新事物是能順應潮流的工務店不可或缺的特質之一，比如說，像是無人機這種還沒在實用面上普及化的東西就是值得嘗試的一種事物。

至今無人機還沒辦法實現運輸物品的功能，但用於「空拍」，**從空中拍攝住宅外觀，或是俯瞰整個住宅展示場的建地等等都是可行的**（圖64）。有些東西，你沒試過真的不會知道那個效果如何。

圖 62 從肺炎之前就開始舉行的工程促進會議

透過線上舉行總公司及其他據點的會議，不但可縮短會議時間，也不需要花時間在移動上頭。開會的難度下降、大家每個月開這個會開習慣了，也不再對開這種重要會議感到緊張。這不光是對公司內部，與外部協力廠商也是這樣進行溝通；這樣做的成本幾乎為零，因為其實你就只是把電視跟電腦接在一起而已。

只要試過一次，你就會知道無人機的操作沒有想像中那麼難，反之，**做為先行嘗試這些事物的人，會有種賺到的感覺**。當你試過之後，就會發現這些東西有新的用途；嘗試、實驗新的事物，這都是應該繼續維持的態度。

做為社長，要你帶頭嘗試新的事物，這在時間分配上是有困難的。嘗試新事物這種事情，不如讓有興趣的員工或者是談到這些事情時感到有趣的人來實踐。嘗試新事物時，同時也可以配合日常對話中所理解到的人格特質及興趣；讓員工敢於嘗試的公司文化，一定要有平常溝通良好做為前提。

31. 用 SSD 讓你的電腦變得更快

與他人的差異，總是發生在看不見的地方。即使是電腦的性能，最好也要選用稍微好一點的，因為你的員工中總會有人需要整天對著螢幕工作。**「電腦的性能好壞」，光憑這點工作效率就完全不同，這是成果會直接反映在生產力上的投資。**

我做了不少嘗試，但最有效果的，要屬 SSD（固態硬碟）這項了。用 HDD（硬碟）的處理速度較慢，你在工作時經常還得「等電腦跑完」。只要換成 SSD，這些事情通通都可以解決。

圖 63 用 LINE WORKS 就能發送問卷，輕鬆回收問卷回覆

問卷結果
【女性限定】Francfranc 問卷
伊藤謙

回答 34
妳有購買過 Francfranc 的商品嗎？

有
沒有

妳有在 Francfranc 的電商網站購物過嗎？

圖 64 活用無人機，拍攝住宅展示場的影片

▲ AIHOME 佐沼住宅公園—AEON TOWN 佐沼前—

實際住宅雖然沒辦法讓顧客從屋頂視角俯瞰，但如果利用無人機就可以做到從高處往低處拍攝的效果。不光是可以強調屋頂上裝設的太陽能板，也可以活用於住宅定期檢查或是都市規劃，創造新的價值。

〔無人機拍攝的影片〕

只要把這想成換了 SSD 之後一年可以省下幾千個小時，你就會覺得這樁買賣非常划算。市面上電腦的性能年年提升，即使不砸大錢你也可以買到性能不錯的東西。如果你還在用五年前的電腦，那也差不多該考慮換個 SSD 了。

32. 用 Google Map 收集正確情報

你知道顧客會用 Google Map 之類的地圖 APP 去找住宅展示場的位置嗎？沒事的時候，應該試著在 Google Map 上找找自家公司是怎麼標記的。事實上，Google Map 已經取代了一般的車用導航，比起車用導航，Google Map 更神的地方在於在你**搜尋位置與行車路線的那瞬間，它還會顯示電話號碼，這個地圖 APP 甚至還有電話簿的功能**。

若你對此有興趣想進一步深究，我建議你去看看 MEO（地圖引擎最佳化）這方面的資料。

我在 2019 年的 5 月發現這件事情，之後就徹底針對 MEO，將 AIHOME 所有的分店展示場的位置都重新標記了一遍。

你需要登錄 Google My Business（www.google.com/intl/ja_jp/business）這項服務，並將自家

公司的登錄資訊徹底整理一遍。只要你做好了這件事情，來店訪問的客戶數量便會大增（圖65）。尤其對於主要使用智慧型手機的顧客來說，這可是非常方便又親切的一項服務。

33. PRA 沒有存在必要

「RPA」（Robotic Process Automation）我用了一年後就解約了。所謂 RPA 是指在電腦上執行的業務流程或作業用自動化技術來取代人力執行。雖然有很多業務打電話來找我推銷 RPA，但我都說**「我們已經在用了」**，這樣大多數的 RPA 推銷員都會知難而退。

對於新的事物，不管怎樣總之先嚐鮮一下。這是成本最低、卻又最能接觸到先進便利服務的訣竅。我要說的並不是用與不用 RPA 這件事情本身，而是你**如果要試，就該趁早**。大多數企業的實際狀況是他們投入大量時間進行測試、檢討是否要投入，結果直到他們真的把這東西帶進公司上線運用，那都已經不知道是多久以後的事情了。結果搞了半天，可能還沒辦法在公司內部普及這項服務的實際使用率。**只要覺得有點興趣，那就該稍微嘗試一下**，這是我真正要強調的。

圖 65 用 Google Map 確認各分店位置，用 Google My Business 整理資訊

結語——佐證持續變革才能帶來生存

當這本書上市時，我們應該已經實踐了許多本書中沒有提到的東西。因為我們日日求新求變，並積極實踐。尤其是過去這一年，每個月都讓我覺得像過了一整年似的，**對時間的感覺有了極大的變化。**或許這跟我們過去花一年的時間所做的事情，現在僅用了一個月就將其徹底改變有些關係。

肺炎感染擴大，使得整個地球都像是被重置了一次。有太多過去的常識已經不適用於現今社會，可能有許多人因此無法像過去那樣積極面對這個世界。

東日本大地震時，人命說死就死，那可是一瞬間的事情。跟當時那種情況比較起來，肺炎這狀況還算好多了。**只要還有一口氣在，那就能正面面對問題。**更何況，這問題又不是你一個人，而是全世界都要面對的問題。換個想法，地球整體或許會產生新的變化。

做為與地區緊密結合的工務店，我們每天都絞盡腦汁想著還有什麼可以做的，並且每天拚了命似的去實踐去努力。即使如此，還是有許多人不知道有我們這麼一間工務店的存在。即使如此，我也相信自己不是孤獨的，一定有志同道合的經營者存在。

為何要寫下這本書，是因為我想**向這世界大聲宣告有我們這間地方小工務店在拼命掙扎、試**

圖順應潮流。還有一點，就是我不想藏私，**我所實踐過的、所得到的智慧都想與大家一同分享。**如果自己拚了命才得到的寶貴經驗，最後只有我自己知道，那也未免太過可惜。只要我這個舉動能對整個工務店業界稍微有點貢獻，那也就值回票價了。

要是透過這本書能帶來新的機緣，那肯定很有意思；若是能增加幾位志同道合、互相切磋的好夥伴，那當然更是再好不過。

透過本書的出版，我也徹底回顧了一遍公司的歷程，同時也感謝過去發生過的一切。要感謝的人太多了，總之，謝謝大家。這段時間我又要經營管理，又要寫書，真的是蠟燭兩頭燒。真的要謝謝我太太幫我管理時間、讓我有時間喘口氣，也感謝我的身體在這段時間沒出任何狀況。

即使只是往前跨出半步、跨出一步，總之邁開腳步往前進就對了！即使是要倒下，身體也要往前倒，用這樣的氣勢活過每一天，並且**證明只有不斷改變自己的人才能生存下來**。就像2019年打入八強的日本橄欖球隊，要帶著完賽之後不分敵我的紳士精神走下去。

各種URL及QR碼一覽表

本書所記載的各種網站列表，都可以從右邊的QR碼讀取。詳細頁數、網址請見下列表。

編號	本書頁碼	服務名稱	網址
1	32,210	Box	www.box.com/
2	37	AIHOME 網頁	aihome.biz/
3	39,186,227	LINE WORKS	line.worksmobile.com/jp/
4	43,168,176,178,222	Zoom	zoom.us/jp-jp/meetings.html
5	46,172	AIHOME 虛擬展示場	aihome-vr.com
6	52,184	CloudSign	www.cloudsign.jp
7	68,220	Salesforce	www.salesforce.com/jp
8	112	Google PageSpeed Insights	developers.google.com/speed/pagespeed/insights
9	125	Google Analytics	marketingplatform.google.com/intl/ja/about/analytics
10	130	Final Cut Pro X	www.apple.com/jp/final-cut-pro
11	130	AIHOME 短片「專家教你在五分鐘內除草的基礎」（使用 Final Cut Pro X 製作）	youtu.be/V7j9-yohljw
12	131	iMovie	www.apple.com/jp/imovie
13	133	VYOND	animedemo.com
14	133	AIHOME 短片公司沿革「AIHOME 物語」（使用 VYOND 製作）	youtu.be/V6_DZirVy7w
15	133	Vimeo	vimeo.com/jp

編號	本書頁碼	服務名稱	網址
16	172	AIHOME 短片「線上社長就任活動」	vimeo.com/490946507/b53808487 .
17	174	Spacely	spacely.co.jp
18	174,176	Bubble	bubble.io
19	185	承認 time	shonintime.sbi-bs.co.jp
20	191	MINAGINE	minagine.jp/
21	195	AIHOME 短片「9 月的社長演講」	vimeo.com/465525535/2525205844
22	194	Inshot	apple.co/3dkCL0T
23	198	SmartDrive Fleet	smartdrive.co.jp
24	203,205,207,222	Forguncy	www.forguncy.com
25	207	Kizuku	www.ctx.co.jp/kizuku2_pr/index.html
26	211,215	Evernote	evernote.com/intl/jp
27	221	ScanSnap	scansnap.fujitsu.com/jp
28	219	免費打字練習（ICT Proficiency 檢定協會）	www.pken.com/tool/typing.html
29	228	AIHOME 短片「用無人機進行展示場攝影」	youtu.be/INzGr26FirM
30	229	Google My Business	www.google.com/intl/ja_jp/business

室內設計公司數位經營革命：
內部管理＋外部營銷，數位化轉型迎向成長

作　　者｜ 伊藤謙
譯　　者｜ 劉德正

責任編輯｜ 楊宜倩
美術設計｜ 莊佳芳
版權專員｜ 吳怡萱
編輯助理｜ 黃以琳
活動企劃｜ 嚴惠璘

發 行 人｜ 何飛鵬
總 經 理｜ 李淑霞
社　　長｜ 林孟葦
總 編 輯｜ 張麗寶
副總編輯｜ 楊宜倩
叢書主編｜ 許嘉芬

出　　版｜ 城邦文化事業股份有限公司　麥浩斯出版
電子信箱｜ cs@myhomelife.com.tw
地　　址｜ 104 台北市中山區民生東路二段 141 號 8 樓
電　　話｜ 02-2500-7578

發　　行｜ 英屬蓋曼群島商家庭傳媒股份有限公司城邦分公司
地　　址｜ 104 台北市民生東路二段 141 號 2 樓
讀者服務專線｜ 0800-020-299（週一至週五上午 09:30 ～ 12:00；下午 13:30 ～ 17:00）
讀者服務傳真｜ 02-2517-0999
讀者服務信箱｜ cs@cite.com.tw
劃撥帳號｜ 1983-3516
劃撥戶名｜ 英屬蓋曼群島商家庭傳媒股份有限公司城邦分公司

總 編 輯｜ 聯合發行股份有限公司
電　　話｜ 02-2917-8022
傳　　真｜ 02-2915-6275

香港發行｜ 城邦（香港）出版集團有限公司
地　　址｜ 香港灣仔駱克道 193 號東超商業中心 1 樓
電　　話｜ 852-2508-6231
傳　　真｜ 852-2578-9337
電子信箱｜ hkcite@biznetvigator.com

馬新發行｜ 城邦（馬新）出版集團
地　　址｜ Cite（M）Sdn.Bhd.（458372U）
41, Jalan Radin Anum, Bandar Baru Sri Petaling,
57000 Kuala Lumpur, Malaysia.
電　　話｜ 603-9056-3833
傳　　真｜ 603-9057-6622

製版印刷｜ 凱林彩印股份有限公司
版　　次｜ 2021 年 11 月初版一刷
定　　價｜ 新台幣 550 元

國家圖書館出版品預行編目 (CIP) 資料

室內設計公司數位經營革命：內部管理＋外部營銷，數位化轉型迎向成長 / 伊藤謙著；劉德正譯 . -- 初版 . -- 臺北市：城邦文化事業股份有限公司麥浩斯出版：英屬蓋曼群島商家庭傳媒股份有限公司城邦分公司發行，2021.11
面；　公分
ISBN 978-986-408-759-4(平裝)

1. 企業經營 2. 室內設計 3. 數位科技

494.1　　110018534

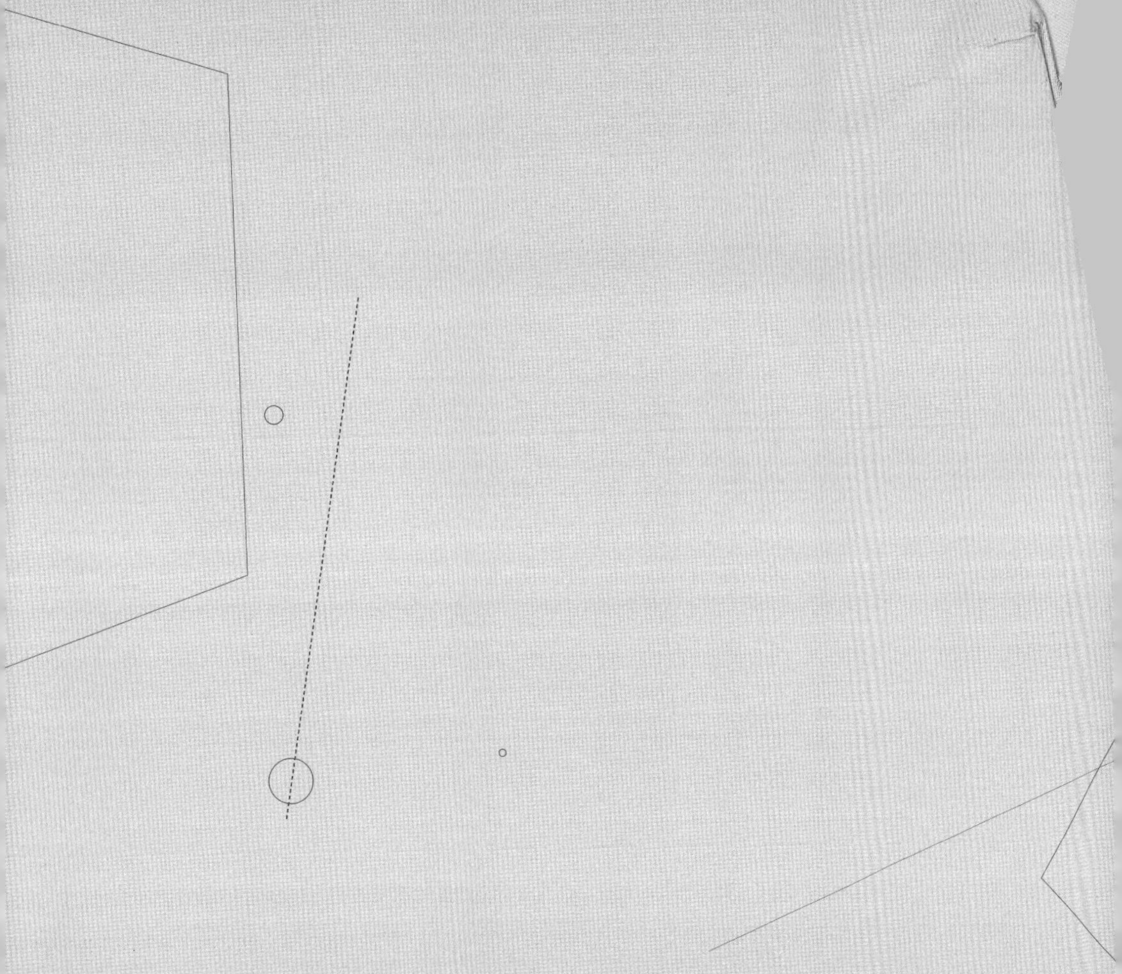

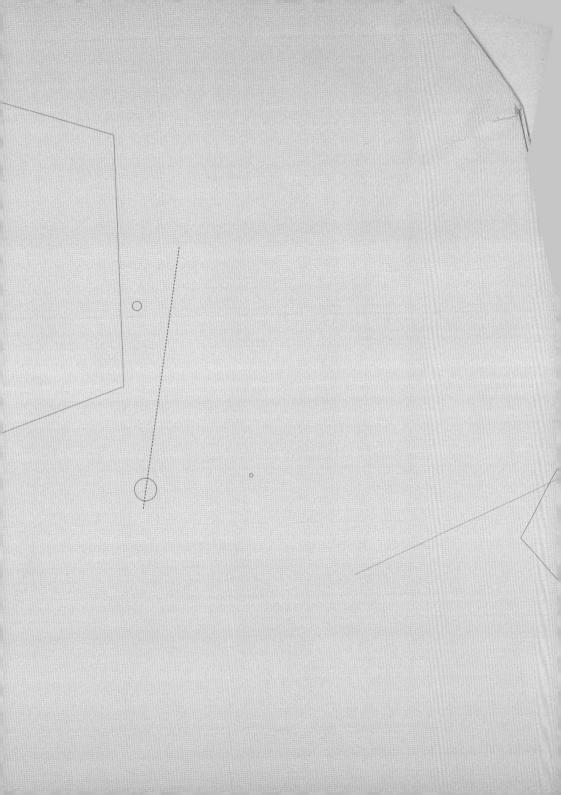